"十三五"职业教育国家规划教材
"十二五"职业教育国家规划教材
高等职业教育农业农村部"十三五"规划教材

试验统计方法

第四版

简　峰　主编

中国农业出版社
北　京

内 容 简 介

本教材以"项目引领、任务导向"的理念进行编写,主要包括设计与实施实验、收集与整理试验资料、分析试验结果、总结试验等四个项目。每个项目又分若干个任务,以任务为导向重点介绍了试验计划的制订、实施方法;介绍了资料整理的方法和资料的基本特征;介绍了常用的 t、F、χ^2 检验方法及双变数的直线回归与相关分析方法;介绍了试验总结撰写的要求。在每个任务完成后,留有思与练的题目,强化学生能力的提高。

本教材内容按试验统计工作的流程进行安排,便于理解,是高职高专院校植物生产类、生物技术类等各专业的教材,也可作为有关专业的教师、学生和研究人员参考用书。

第四版编审人员名单

主　编　简　峰

副主编　李菊艳　任立涛　刘文国

编　者　（以姓氏笔画为序）

　　　　　任立涛　刘文国　李菊艳　杨　苛

　　　　　罗晓燕　赵会芳　简　峰

审　稿　魏利民　马运涛　王宝山

第一版编审人员名单

主　编　王宝山

副主编　宋志伟　汪洪祥

参　编　刘炳炎　刘　弘　崔秀珍

审　稿　陈忠辉　马运涛

第二版编审人员名单

主　编　王宝山（保定职业技术学院）
副主编　刘炳炎（沧州职业技术学院）
　　　　李菊艳（黑龙江农业职业技术学院）
　　　　简　峰（广西农业职业技术学院）
参　编　（按姓氏笔画为序）
　　　　刘　弘（重庆三峡职业学院）
　　　　刘小宁（杨凌职业技术学院）
　　　　汪洪祥（河北旅游职业学院）
　　　　张飞云（山西农业大学原平农学院）
审　稿　魏利民（保定职业技术学院）
　　　　马运涛（苏州农业职业技术学院）

第三版编审人员名单

主　编　王宝山　简　峰
副主编　李菊艳　刘炳炎
编　者　（以姓氏笔画为序）
　　　　　王宝山　任立涛　刘文国　刘炳炎
　　　　　李菊艳　张飞云　曹雯梅　简　峰
审　稿　魏利民　马运涛

第四版前言

农业试验是农业企业创新发展必不可少的工具、农业技术人员服务三农的必备技能、农资人走向辉煌的奠基石！

《试验统计方法》作为植物生产类专业的专业基础课教材，在全国高职高专院校使用已 18 年，深受教师和学生的欢迎。本教材第一版的名称为《田间试验和统计方法》，第二版修订时为适合不同专业的需要简化为《试验统计方法》。本教材 2002 年第一版被评为 21 世纪农业部高职高专规划教材；2008 年第二版被评为普通高等教育"十一五"国家级规划教材；2014 年第三版教材经全国职业教育教材审定委员会审定，被评为"十二五"职业教育国家规划教材。

现根据国务院《国家职业教育改革实施方案》、教育部等部门《关于在院校实施"学历证书+若干职业技能等级证书"制度试点方案》、教育部《关于加强高职高专教育教材建设的若干意见》、教育部《高等职业学校专业教学标准（农林牧渔大类）》等文件有关精神，对教材进行了修订。本次修订的第四版教材，仍秉持第三版"项目引领、任务导向"理念进行编写，在结构上延续了第三版的"项目—任务—相关资讯—思与练"的模式，在内容上依据农业试验的基本工作流程（选题→设计试验→实施→数据采集分析→撰写试验报告→提供决策依据），侧重选择适合高职高专院校培养面向生产、建设、服务和管理第一线需要的合格技术人才的定位需求的基本知识与技能（即：设计试验→实施→数据采集分析→撰写试验报告），进一步提高教材内容的针对性和实用性，坚持教材内容以应用为目的，以必需、够用为度，注重学生技能的培养，围绕着完成项目、任务进行内容的编写。

本教材由简峰主编，李菊艳、任立涛、刘文国担任副主编，参加编写的还有杨苛、罗晓燕、赵会芳。全书由简峰统稿，魏利民、马运涛、王宝山审稿。编写过程中得到了相关职业院校和企业的大力支持，参考了许多单位及个人有关文献资料，在此一并表示由衷的感谢。

由于编者水平有限，如有错误和不妥之处，诚望各位专家学者、同仁好友批评指正，恳请广大读者提出宝贵意见。

编 者

2019 年 7 月

第一版前言

"田间试验和统计方法"是植物生产类专业的专业基础课,是根据《教育部关于加强高职高专教育人才培养工作意见》和《关于加强高职高专教材建设若干意见》精神编写的,是21世纪农业部高职高专规划教材。

在编写过程中,参编同志经过认真讨论,认为应根据高职高专的学生层次把握教材的深、广度,应以"应用、适用、够用"为原则,介绍田间实验和统计的基本知识和技能,以利于进行科学试验;介绍统计分析方法为科学研究提供研究手段;介绍着重于深入浅出、循序渐进、清晰易懂的内容,删减数学公式的推导过程;应用大量的农学、植保、果林、蔬菜等科研范例,以具体化代替抽象化。

本教材共分四篇,包括12章及实验实训指导。编写人员及分工:宋志伟编写第1、2、3章,实验实训一、二、七;汪洪祥编写第4、12章,实验实训三;刘弘编写第5、10章,实验实训五;崔秀珍编写第6章;刘炳炎编写第7、8章;王宝山编写第9、11章、实验实训四、六。全书由王宝山统稿,陈忠辉、马运涛审稿。

编写过程中得到了有关职业技术学院的大力支持,参考了许多单位及个人有关文献资料,在此一并表示感谢。

由于编者水平有限,时间仓促,错误和不妥之处希望广大读者在使用过程中提出批评指正,以便进一步修改订正。

编 者

2001年10月

第二版前言

《田间试验和统计方法》教材自2002年在全国各高职高专院校植物生产类专业试用以来，已历时6年，在使用过程中，广大师生提出了不少宝贵意见，我们也积累了不少教学经验。同时，本教材被列为普通高等教育"十一五"国家级规划教材，21世纪农业部高职高专规划教材。随着高职高专教育的不断发展，作为专业基础课的"田间试验和统计方法"，又有了新的要求。为了进一步完善教材，中国农业出版社组织成立了《田间试验和统计方法》教材的第二版编写小组。根据教育部《关于加强高职高专教育人才培养工作意见》《关于全面提高高等职业教育教学质量的若干意见》和《关于加强高职高专教材建设若干意见》精神，编写小组进行了认真的讨论。本着高职高专院校培养面向生产、建设、服务和管理第一线需要的高技能人才的定位，教材内容以必需、够用为度，以强化技能为重点，对原教材进行了全面修订。第二版教材无论是结构还是内容都进行了调整。结构上打破了原来的篇章节的结构，由原来的四篇十二章改为十章，将1、2、3章调整为两章，7、9章合为一章，第四篇的实验实训按实践教学体系教材的需要，以实训项目的形式安排在了最后，并且每章后面都有复习思考题；内容上删减了方差分析的部分理论内容和裂区设计及结果分析方法，增加了正交试验设计及结果分析、计算机在统计中应用等内容。

本教材的名称是在接受《田间试验和统计方法》第二版编写任务后，编写人员经过讨论才决定采用原名的简称——《试验统计方法》，其原因是简化后便于称呼，更适合不同专业的需要。

本教材修订后共分十章。编写人员及分工：张飞云编写第一章；简峰编写第二、十章、第六章的第四、五节，实训一、二；刘小宁编写第三章，实训三；刘弘编写第四、七章，实训六；李菊艳编写第五章，实训四；刘炳炎编写第六章的第一、二、三节，实训五；王宝山编写第八章，实训四；汪洪祥编写第九章。全书由王宝山统稿，魏利民、马运涛审稿。

编写过程中得到了相关职业技术学院的大力支持，参考了许多单位及个人有关文献资料，在此一并表示由衷的感谢。

由于编者水平有限，时间仓促，如有错误和不妥之处，诚望各位专家学者、同仁好友批评指正，恳请广大读者提出宝贵意见。

编　者

2008 年 3 月

第三版前言

《试验统计方法》作为植物生产类专业的专业基础课教材,在全国高职高专院校使用已11年,深受教师和学生的欢迎。本教材第一版的名称为《田间试验和统计方法》,第二版修订时为适合不同专业的需要简化为《试验统计方法》。本教材2002年第一版被列为21世纪农业部高职高专规划教材,2008年修改的第二版被列为普通高等教育"十一五"国家级规划教材,本次修改的第三版是在教育部"十二五"职业教育国家规划教材选题批准立项的基础上编写的。为贯彻教育部《关于全面提高高等职业教育教学质量的若干意见》《关于加强高职高专教育教材建设若干意见》和《关于"十二五"职业教育国家规划教材选题立项的函》的精神,第三版编写小组根据高职高专院校培养面向生产、建设、服务和管理第一线需要的技术技能人才的定位,坚持教材内容以应用为目的,以必需、够用为度,注重学生技能的培养,对第二版教材进行了全面修订。第三版教材以"项目引领、任务导向"的理念进行编写,在结构上把传统的章节模式改为工学结合模式,根据试验统计工作的流程,按项目—任务—相关资讯—思与练的结构进行编排;在内容上加强了针对性和实用性,删减了部分理论内容和顺序排列设计试验结果的统计分析,增加了总结试验等内容,围绕着完成项目、任务进行内容的编写。

本教材修订后共分4个项目14个任务。编写人员及分工:山西省忻州市原平农业学校的张飞云编写项目1中任务1及相关资讯,广西农业职业技术学院的简峰编写项目1中任务2和任务3、项目2中任务1、项目4及相关资讯,沧州职业技术学院的刘炳炎编写项目1中任务4及相关资讯;杨凌职业技术学院的刘文国编写项目2中任务2、任务3及相关资讯,黑龙江农业职业技术学院的李菊艳编写项目3中任务1、任务2及相关资讯,江苏农林职业技术学院的任立涛编写项目3中任务3及相关资讯,保定职业技术学院的王宝山编写项目3中任务4及相关资讯,河南农业职业学院的曹雯梅编写项目3中任务5及相关资讯。本教材由王宝山、简峰主编并统稿,魏利民、马运涛审稿。

编写过程中我们得到了相关高职院校的大力支持,并参考了许多单位及个人有关文献资料,在此一并表示由衷的感谢。

由于编者水平有限,如有错误和不妥之处,诚望各位专家学者、同仁好友批评指正,恳请广大读者提出宝贵意见。

编 者

2013年11月

目 录

第四版前言
第一版前言
第二版前言
第三版前言

项目1 设计与实施试验 ·· 1

任务1-1 制订试验方案 ··· 1
子任务1-1-1 认识试验 ··· 1
子任务1-1-2 制订单因素试验方案 ·· 2
子任务1-1-3 制订多因素试验方案 ·· 2
子任务1-1-4 制订正交试验方案 ··· 2
【相关资讯】 ·· 3
资讯1-1-1 试验概述 ··· 3
资讯1-1-2 试验方案的制订 ··· 6
【思与练】 ·· 12

任务1-2 设计试验单元 ··· 12
子任务1-2-1 设计田间试验小区 ··· 12
子任务1-2-2 设计室内试验单元 ··· 12
子任务1-2-3 布置试验单元 ·· 13
【相关资讯】 ·· 13
资讯1-2-1 试验环境设计的基本要求 ··· 13
资讯1-2-2 试验单元的规格设计 ·· 16
资讯1-2-3 试验单元的布置 ··· 19
【思与练】 ·· 22

任务1-3 拟定试验计划 ··· 23
子任务1-3-1 编制试验计划书 ·· 23
子任务1-3-2 设计并绘制田间种植图 ·· 23
【相关资讯】 ·· 24
资讯1-3-1 试验计划的拟订 ··· 24
资讯1-3-2 田间种植图的设计方法 ··· 27
【思与练】 ·· 28

任务1-4 管理实施试验 ··· 28
子任务1-4-1 列制试验准备工作清单 ·· 28
子任务1-4-2 田间试验区划 ·· 29
子任务1-4-3 编制试验过程管理方案 ·· 29
【相关资讯】 ·· 30
资讯1-4-1 试验前的准备工作 ·· 30
资讯1-4-2 试验过程管理 ·· 32

【思与练】 ··· 33

项目2　收集与整理试验资料 ··· 34

任务2-1　收集资料 ··· 34
子任务2-1-1　解读资料 ·· 34
子任务2-1-2　编制观察记载簿 ·· 35
【相关资讯】 ··· 36
资讯2-1-1　常用的统计术语 ·· 36
资讯2-1-2　试验资料的收集 ·· 37
【思与练】 ··· 40

任务2-2　整理资料 ··· 40
子任务2-2-1　整理质量性状资料 ·· 40
子任务2-2-2　整理间断性变数资料 ··· 41
子任务2-2-3　整理连续性变数资料 ··· 41
【相关资讯】 ··· 42
资讯2-2-1　资料的类别 ·· 42
资讯2-2-2　单项式分组整理 ·· 43
资讯2-2-3　组距式分组整理 ·· 44
资讯2-2-4　统计图的制作方法 ··· 47
资讯2-2-5　Excel在资料整理中的使用方法 ··· 48
【思与练】 ··· 53

任务2-3　计算特征数 ·· 53
子任务2-3-1　计算未分组资料特征数 ·· 53
子任务2-3-2　计算分组资料特征数 ··· 54
【相关资讯】 ··· 54
资讯2-3-1　平均数 ·· 54
资讯2-3-2　变异数 ·· 55
资讯2-3-3　Excel在资料基本特征数计算中的使用方法 ···································· 59
【思与练】 ··· 61

项目3　分析试验结果 ··· 62

任务3-1　分析单个样本平均数资料 ·· 62
子任务3-1-1　分析单个样本资料 ·· 62
子任务3-1-2　归纳总结单个样本资料分析的计算方法 ····································· 63
【相关资讯】 ··· 63
资讯3-1-1　统计推断原理 ··· 63
资讯3-1-2　单个样本资料的统计推断 ·· 70
资讯3-1-3　利用Excel进行单个样本资料的统计推断 ······································ 73
【思与练】 ··· 74

任务3-2　分析两个样本平均数资料 ·· 74
子任务3-2-1　分析两个样本的成组数据资料 ··· 75
子任务3-2-2　分析两个样本的成对数据资料 ··· 75

子任务 3-2-3　归纳总结两个样本资料分析的计算方法 ································ 76
　【相关资讯】 ··· 76
　　资讯 3-2-1　成组数据比较的统计推断 ··· 76
　　资讯 3-2-2　成对数据比较的统计推断 ··· 82
　【思与练】 ·· 85

任务 3-3　分析多个样本平均数资料 ··· 85
　　子任务 3-3-1　分析单因素完全随机试验资料 ···································· 86
　　子任务 3-3-2　分析单因素随机区组设计试验资料 ······················· 87
　　子任务 3-3-3　分析两因素随机区组设计试验资料 ···················· 88
　　子任务 3-3-4　分析正交设计试验资料 ··· 89
　　子任务 3-3-5　归纳总结多个样本资料分析的计算方法 ··················· 89
　【相关资讯】 ··· 90
　　资讯 3-3-1　方差分析的基本原理 ·· 90
　　资讯 3-3-2　完全随机设计试验结果资料的统计分析 ··························· 98
　　资讯 3-3-3　随机区组设计试验结果资料的统计分析 ······················· 106
　　资讯 3-3-4　正交设计试验结果资料的统计分析 ·································· 114
　　资讯 3-3-5　利用 Excel 进行方差分析计算 ··· 117
　【思与练】 ·· 122

任务 3-4　分析双变数资料 ·· 122
　　子任务 3-4-1　分析两个变数间的相关关系 ··· 123
　　子任务 3-4-2　分析两个变数间的回归关系 ··· 123
　　子任务 3-4-3　归纳总结双变数资料分析的计算方法 ··························· 124
　【相关资讯】 ·· 124
　　资讯 3-4-1　回归与相关概念 ··· 124
　　资讯 3-4-2　直线相关分析 ·· 125
　　资讯 3-4-3　直线回归分析 ··· 130
　　资讯 3-4-4　利用 Excel 进行相关与回归分析 ··· 135
　【思与练】 ··· 138

任务 3-5　分析次数资料 ·· 138
　　子任务 3-5-1　分析次数资料的适合性 ·· 138
　　子任务 3-5-2　分析次数资料的独立性 ··· 139
　【相关资讯】 ·· 139
　　资讯 3-5-1　卡平方（χ^2）的概念和测验原理 ···································· 139
　　资讯 3-5-2　适合性测验 ·· 141
　　资讯 3-5-3　独立性测验 ··· 142
　　资讯 3-5-4　Excel 在卡平方测验中的应用 ··· 145
　【思与练】 ··· 148

项目 4　总结试验 ·· 149

任务 4-1　编写试验总结提纲 ·· 149
　　子任务 4-1-1　分析、筛选试验资料 ··· 149
　　子任务 4-1-2　草拟试验总结写作提纲 ··· 150

【相关资讯】 150
　　　资讯 4-1-1　试验总结报告提纲的编写要求 150
　任务 4-2　撰写试验总结 151
　　子任务 4-2-1　阅读参考文献 151
　　子任务 4-2-2　撰写试验总结报告 152
　　【相关资讯】 152
　　　资讯 4-2-1　试验总结报告的写作 152

附表 155

　附表 1　随机数字表 155
　附表 2　累积正态分布 $F_N(x)$ 值表 156
　附表 3　正态离差 u_α 值表（两尾） 158
　附表 4　学生氏 t 值表（两尾） 158
　附表 5　5％（上）和 1％（下）点 F 值表（一尾） 160
　附表 6　SSR 值表（两尾） 165
　附表 7　r 值表 167
　附表 8　χ^2 值表（右尾） 168
　附表 9　常用正交表（部分） 169

参考文献 173

项目 1　设计与实施试验

- **知识目标：** 明确试验的基本概念及试验设计的基本原则，掌握田间试验设计与实施的方法要点。
- **能力目标：** 能具体分析某一试验的内涵概念，并能根据别人撰写的试验计划书解读出该试验的实施过程，可以自主设计一个小课题研究方案并组织试验的实施。
- **素质目标：** 具有认真负责、实事求是、心思缜密、一丝不苟的科学精神，善于进行小组讨论并从中归纳出自己的观点，能够协调别人的不同观点，勇于修正自己的错误观点。

任务 1-1　制订试验方案

【知识目标】试验的基本概念、常用试验方案设计要点和方法。
【能力目标】能依据不同试验要求进行试验方案设计。

子任务 1-1-1　认识试验

◆ **任务清单：**
　　在网上或图书馆查阅一些试验资料。结合自己的理解，简要描述所列每个试验的目的。

◆ **成果展示：**

　[资料1]　试验名称：＿＿＿＿＿＿＿＿＿＿＿＿＿＿＿＿＿＿＿＿＿＿＿。
　　　　　试验目的：＿＿＿＿＿＿＿＿＿＿＿＿＿＿＿＿＿＿＿＿＿＿＿
　　　　　＿＿＿＿＿＿＿＿＿＿＿＿＿＿＿＿＿＿＿＿＿＿＿＿＿＿＿＿。
　[资料2]　试验名称：＿＿＿＿＿＿＿＿＿＿＿＿＿＿＿＿＿＿＿＿＿＿＿。
　　　　　试验目的：＿＿＿＿＿＿＿＿＿＿＿＿＿＿＿＿＿＿＿＿＿＿＿
　　　　　＿＿＿＿＿＿＿＿＿＿＿＿＿＿＿＿＿＿＿＿＿＿＿＿＿＿＿＿。
　[资料3]　试验名称：＿＿＿＿＿＿＿＿＿＿＿＿＿＿＿＿＿＿＿＿＿＿＿。
　　　　　试验目的：＿＿＿＿＿＿＿＿＿＿＿＿＿＿＿＿＿＿＿＿＿＿＿
　　　　　＿＿＿＿＿＿＿＿＿＿＿＿＿＿＿＿＿＿＿＿＿＿＿＿＿＿＿＿。
　[资料4]　试验名称：＿＿＿＿＿＿＿＿＿＿＿＿＿＿＿＿＿＿＿＿＿＿＿。
　　　　　试验目的：＿＿＿＿＿＿＿＿＿＿＿＿＿＿＿＿＿＿＿＿＿＿＿
　　　　　＿＿＿＿＿＿＿＿＿＿＿＿＿＿＿＿＿＿＿＿＿＿＿＿＿＿＿＿。

子任务 1-1-2　制订单因素试验方案

◆**任务清单：**
根据当地生产中的实际情况或由教师指定一个试验目的，设计一个单因素试验方案。

◆**成果展示：**
试验目的：_____。
试验因素：_____。
水平划分：共_____个水平。
水平名称：_____。
处理名称：_____。

子任务 1-1-3　制订多因素试验方案

◆**任务清单：**
根据当地生产中的实际情况或由教师指定一个试验目的，设计一个两因素试验方案。

◆**成果展示：**
试验目的：_____。
试验因素：
　　因素 1 名称：_____，划分_____个水平。
　　因素 2 名称：_____，划分_____个水平。
水平名称：
　　因素 1 水平名称：_____。
　　因素 2 水平名称：_____。
处理组合：_____。

子任务 1-1-4　制订正交试验方案

◆**任务清单：**
根据当地生产中的实际情况或由教师指定一个试验目的，用 $L_9(3^4)$ 正交表设计一个正交试验方案。

◆**成果展示：**
试验目的：_____。

试验因素水平表设计：

水平编号	因　　素
1	
2	
3	

$L_9(3^4)$ 正交设计试验方案：

处理编号	列　　号
1	
2	
3	
4	
5	
6	
7	
8	
9	

相关资讯

资讯 1-1-1　试验概述

一、试验的概念

在农业上，一个新品种、一项新技术、一种新产品的推广应用，都必须用一种科学的方法验证其优劣或鉴定其实用价值，这种科学的方法就是农业科学试验。

二、试验的任务

试验的基本任务是在不同的环境条件下研究新品种、新产品、新技术的增产效果，客观地评定具有各种优良特性的高产品种及其适应区域，评定新产品的增产效果及对环境的反应，正确地评判最有效的增产技术措施及其适用范围，使农业科研成果合理地应用和推广，发挥其在农业生产上的重要作用，并为各级农业部门及农户提供科学决策和技术咨询，促进农业科研成果尽快转化为生产力。因此，试验是农业科研成果与农业生产的桥梁。

三、试验的基本要求

为了保证试验的质量，使所获得的结果能够在理论研究和生产实践中加以应用，试验应符合以下基本要求：

（一）试验目的要明确

试验是为了解决生产和科学实验中的问题，在进行某项试验时，要制订合理的试验方案，对试验的预期结果及其在农业生产和科学试验中的作用要做到心中有数，这样才能有目的地解决问题，避免盲目性，提高试验效果。

（二）试验条件要有代表性

代表性是指试验条件应能代表将来准备推广试验结果的地区的自然条件（如试验地土壤种类、地势、土壤肥力、气候条件等）与生产条件（如轮作制度、农业结构、施肥水平等），这样新品种、新产品、新技术在试验中的表现才能真正反映今后拟推广地区实际生产中的表现，有利于试验结果的推广应用。另外，在进行试验时，既要考虑代表目前的条件，还要注意到将来可能被广泛采用的条件，使试验结果既符合当前需要，又不落后于生产发展的要求。

（三）试验结果要有可靠性

试验结果的可靠性包括准确度及精确度两个方面。准确度是指试验结果与真值相一致的程度，是不容易确定的，所以在实际中常用精确度来判断其结果的可靠性。精确度是指同一处理的试验指标，在不同重复观察中所得数值彼此接近的程度。它是可以计算的，由试验误差的大小决定。因此，为降低试验误差必须严密地设计试验、严格地执行试验、合理地运用统计方法。

（四）试验结果要有重演性

重演性是指在相似的条件下再次试验会得到相类似的试验结果。也就是说，一项试验结果在推广前，必须重复几年的试验，如果获得类似的结果，说明试验结果才有推广应用价值。要保证试验结果能够重演，首先要仔细并明确地设定试验条件，使其具有代表性；其次可将试验在各种试验条件下进行或重复做 2~3 年试验，以验证其结果是否重演。

四、试验相关知识

（一）试验指标

试验指标是指度量试验结果的标志，简称指标。生产试验中，常用作物的各种性状作指标，如产量及其构成因子等。不同的试验，考察的指标不一样。通常一个试验，评价各处理效果时，往往不能只用一个指标，而应用多个指标。例如，玉米品种比较试验，在选择优良品种时，不仅需要看产量、单穗重等指标，还须注重品种质量如蛋白质、淀粉等的含量。只有在多个指标上来比较各品种的优劣，才可能选出高产优质的优良品种。

（二）试验因素

试验中，凡对试验指标可能产生影响的原因或要素，都称为因素。例如，作物生产中受到品种、种植密度、肥水条件、栽培管理措施以及自然环境条件等诸方面的影响，这些方面就是影响作物生产的因素。在这众多因素中，有的影响较大，为重要因素，有的影响较小，为次要因素；有的因素易由人为控制（如栽培因素），有的难由人工控制（如自然环境条件）。由于客观条件的限制，一次试验中不可能将每一个因素都进行考察研究，通常是选取某个或几个对试验指标影响较大的重要因素来进行试验。试验中所研究的影响试验指标的因素称为试验因素，把除试验因素以外其他所有对试验指标有影响的因素称为非试验因素或非处理条件。由于试验中只考察试验因素，常把它简称为因素或因子。例如，在不同品种的丰产性比较试验中,品种即为试验因素,除品种以外的其他栽培因素和环境条件均为非处理条件。

(三)水平

在试验中,为了考察试验因素对试验指标的影响情况,要取试验因素不同的状态或不同的数量等级,把试验因素的不同状态或数量等级称为该因素的水平,简称水平。试验因素设定了几种状态或划为几个数量等级,其就有几个水平,每个因素至少有 2 个水平。例如,品种比较试验中,用 3 个品种进行比较,则品种因素有 3 个水平,每一品种即为一个水平;再如施肥试验,采用 225 kg/hm²、300 kg/hm²、375 kg/hm² 三种施肥量进行比较,则施肥量因素有 3 个水平。因素的水平,有的可以用数值表示,表现为因素的不同数量等级,如不同时间、温度、用量、长度等;有的无法用数值表示,表现为因素的不同状态,如不同品种、方式、方法、药剂或肥料种类等。

(四)水平组合

在多因素试验中,每个因素都有若干个水平,为了全面比较,常须将各因素的每一水平相互搭配一次来进行试验,这种同一试验中各因素不同水平组合在一起而构成的技术措施(或条件)就称为水平组合,一个试验中所有可能的不同水平组合数是各因素水平数之积。例如,一个同时考察品种与施肥量的二因素试验,其因素水平如表 1-1-1 所示。为了找出各品种适宜的施肥量,甲、乙、丙三种品种应分别与 225 kg/hm²、300 kg/hm²、375 kg/hm² 三种施肥量组合,这样每一品种与每一个施肥量组合在一起即为一个水平组合。本试验所有不同的水平组合有 3×3=9 个,即甲-225 kg/hm²、甲-300 kg/hm²、甲-375 kg/hm²、乙-225 kg/hm²、乙-300 kg/hm²、乙-375 kg/hm²、丙-225 kg/hm²、丙-300 kg/hm²、丙-375 kg/hm²。

表 1-1-1 品种×施肥量试验因素水平

因素	水平	水平数
品种	甲、乙、丙	3
施肥量(kg/hm²)	225、300、375	3

(五)试验处理

试验所设置的特定条件,称为试验处理。单因素试验中,试验因素的每一个水平就是一个试验处理;多因素试验中,不同因素的水平相互组合构成一个试验处理。

(六)试验单元

试验中能接受不同处理的试验载体为试验单元,也称为试验单位。在试验中,它的形式可以多种多样,可以是一个试验小区、一株树,也可以是一盆植物等。在试验结果的统计分析中,通常一个试验单元要有一个数据参与统计计算。

五、试验的种类

试验的种类很多,由于分类方法不同种类也不同。

(一)按试验因素的多少划分

1. 单因素试验 只研究一个因素效应的试验称为单因素试验,如大白菜品种比较试验只研究"品种"这一个因素。单因素试验设计简单,统计分析比较容易,但应用范围小,有一定局限性,不能了解几个因素间的相互关系。

2. 复因素试验 复因素试验又称多因素试验，是含有两个或两个以上人为控制因素的试验，如小麦施肥中品种与施肥量相结合的试验就是复因素试验。复因素试验说明问题比较全面，比较切合实际，但设计上比较复杂，统计分析上比较烦琐，所以因素数目和水平数不宜过多。

3. 综合试验 综合试验是将各种丰产措施结合在一起以创造高产的试验形式，它具有检验和示范作用，它的一个处理组合就是一系列经过实践初步证明的优良水平的配套。这对于选出较优的综合性处理，总结和推广一整套综合栽培管理技术是一种速而有效的方法。

（二）按试验研究内容划分

1. 品种试验 品种试验主要研究各品种的引种，育种和良种繁育等问题，如品种比较试验，通过试验可以选出适宜当地推广应用的新品种。

2. 栽培试验 栽培试验主要研究各种栽培技术的增产作用，如播种期、播种量、播种方式等试验。

3. 肥料试验 肥料试验是研究肥料对作物营养、产量、品质及土壤肥力等作用的试验方法，如果树配方施肥试验。

4. 农药试验 农药试验是研究农药对病虫害防治效果的试验方法，如某种新型农药的药效试验。

（三）按试验点布局划分

1. 单点试验 单点试验是指在一个地点个别进行的试验，其试验结论只局限于试验地点附近的有限地区。

2. 多点试验 多点试验是在统一组织下，按统一设计方案、统一试验方法和统计方法，在许多地点同时进行的试验。

（四）按试验期限划分

1. 单季试验 即试验期限仅为一季，一般肥料用量试验常用此法。

2. 长期试验 即试验期限多为几年，像长期定位试验等，如英国洛桑小麦长期定位试验，迄今已有一个半世纪了。

（五）按试验小区大小划分

1. 小区试验 在田间试验中，一般把小区面积小于 $60 m^2$ 的试验称为小区试验。其优点是小区面积较小，可以利用合理的田间试验设计方法来控制土壤差异、小气候差异、作物群体间竞争等，田间作业也容易做到时间和质量上的相对一致，从而降低试验误差。

2. 大区试验 小区面积大于或等于 $60 m^2$ 的试验称为大区试验。它是试验后期常采用的方法，是科学研究成果用到生产上去的必要环节，一般为示范性试验。

（六）按试验场所划分

1. 田间试验 试验安排在农田、果园的土地上进行，受自然环境变化影响较大，试验误差不易控制。

2. 室内试验 试验安排在实验室内进行，试验环境容易控制，如温室试验、组织培养试验、盆栽试验和人工气候室试验等。

资讯 1-1-2 试验方案的制订

一、试验方案的概念

试验方案是指一个试验的全部处理或处理组合的总和。制订试验方案，就是要确定一个试验所要设置的处理有多少个，具体是什么内容，应如何设计处理措施。

二、制订试验方案的基本原则

制订试验方案时，一般要遵循以下基本原则：

（一）目的性原则

制订试验方案时，要抓住关键，突出重点。应根据试验研究对象的具体特点，全面分析影响试验对象的不同因素，找出其中最需要解决的问题，从而确定试验因素，明确试验的具体目的。

（二）可比性原则

田间试验本质上就是一种比较试验，试验的结果就是要通过处理间的差异比较来明确试验因素的效应。为了保证试验结果的严密可比性，在设计试验方案时必须注意以下两点：

1. 唯一差异 在试验中，除了所研究的试验因素要设置不同水平的差异之外，其余非试验因素均应保持相对一致，以排除非试验因素的干扰。例如，进行一个品种比较试验，除了设计不同品种的差异之外，其余的非试验因素措施如播种期、种植密度、施肥量等，在各试验小区之间均应该是一致的。

2. 设置对照 对照（CK）是比较的基准，设置对照区的目的：一是对各处理进行观察比较时作为衡量处理优劣的标准。试验比较的各处理中的最优处理是否有实用价值或者处理效应是否是真实的，必须要有一个可靠的判定标准；二是用以估计和矫正试验田的土壤差异。

农业试验中常以当地生产上推广应用面积较大的常规农艺措施为对照；肥料试验或药效试验中，常需要增设不施肥或药剂的处理作为空白对照；通常在一个试验中只有一个对照，有时为了适应某种要求，可设两个对照，如抗虫杂交棉品比试验，可设抗虫棉和杂交棉两个品种作对照。

（三）高效性原则

通过适当减少试验因素、合理确定因素的水平数及其级差来提高试验效率，采用合理试验方案设计是提高试验效率的有效途径。

三、试验方案设计的要求

（一）合理确定试验因素

试验因素的确定要充分考虑到解决问题的需要，尽可能地把握住解决问题的关键，既要围绕试验目的要求展开，同时也要结合自己的研究能力与试验条件，尽量以最少的试验投入了解尽可能多的信息。一般在研究的开始阶段，应抓住关键因素做单因素试验；随着研究的深入，需要了解因素之间的相互作用，可采用多因素试验。

（二）正确划分各试验因素的水平

根据各试验因素的不同特点，可以把试验因素分为两类，即数量化因素与质量化因素。数量化因素指因素水平可以用数量等级的形式来表现的因素，如在施肥技术中，施肥量（3 kg、5 kg、7 kg……）、施用时期（用时间表示，播种后15d、20d、25d……）等都是可以量化的；质量化因素指因素水平不能够用数量等级的形式来表现的因素，如在施肥技术中，施肥种类（有机肥、复合肥、尿素……）、施用时期（用生育期表示，出苗期、拔节期、抽穗期……）、施用方式（种肥、基肥、追肥……）等都是不能量化的。对不同的试验因素，划分不同水平的要求不同：

1. 数量化因素的水平划分

在划分水平时应注意：①水平全距（范围）要有符合生产实际并有一定的预见性。②水平间距（即相邻水平之间的差异）要适当且相等。所谓适当是指水平间距既要保证各水平之间能明确的区分，又尽可能地把最佳水平包含在其中。间距过小，不便于操作，在全距一定的情况下会使水平数增多从而导致试验规模过大；而间距过大，容易丢失最佳处理（图1-1-1）。③数量化因素通常可不设置对照或以0水平为对照。

如玉米种植密度（因素）在生产上一般为45 000~82 500 株/hm^2。但如果在南方地区用半紧凑型品种进行密度试验，从理论上可以预计密度要偏密一些，全距应以 60 000~75 000 株/hm^2 为宜，水平间距一般以 4 500~7 500 株/hm^2 为宜，不设对照。

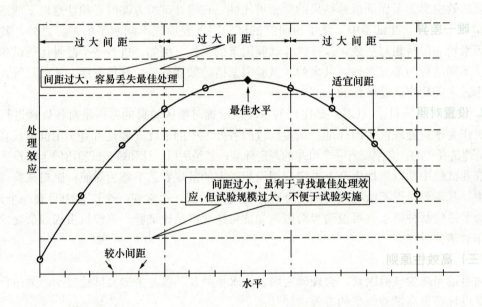

图1-1-1　不同水平间距效果图

2. 质量化因素的水平划分

对于质量化因素在划分水平时，应该尽可能把最能反映该项技术水平的新成果、新技术列入因素水平中。如在品种试验中，要尽量地将可能适应当地生产发展需要的新品种作为品种因素的不同水平，质量化因素一般都需要设置对照。

（三）确定适宜的处理数

要根据不同试验的特点确定适宜的处理数。例如，田间小区试验，由于受到环境条件及试验地面积的制约，处理数不宜太多，通常栽培试验以 4~6 个处理为宜，品种试验最好不超过 15 个品种（处理），复因素试验一般以 2~3 个因素、不超过 20 个处理为好。而对于较容易控制环境影响的室内试验，则可以适当安排多一些处理。

四、试验方案设计案例

（一）单因素试验方案设计

单因素试验方案一般由试验因素的若干水平加适当对照处理即可，其设计目的是要确定试验因素的最佳水平。

【例1-1-1】欲了解氮肥施用量对水稻免耕抛秧栽培的影响,设计一个试验进行研究,以确定免耕抛秧栽培的最佳氮肥施用量。

分析:可设计一个单因素试验。根据水稻栽培学原理,氮肥施用量全距为0~250 kg/hm²*,间距以30~75 kg/hm²为宜,以0水平即氮肥用量0 kg/hm²作对照。现以间距45 kg/hm²为例说明水平(处理)的设计安排(表1-1-2)。

表1-1-2 氮肥施用量对水稻免耕抛秧栽培影响的单因素试验方案

处理(水平)	氮肥用量(kg/hm²)	折合尿素用量(kg/hm²)
1(CK)	0	0
2	45	98
3	90	196
4	135	293
5	180	391
6	225	489

(二)复因素试验方案设计

复因素试验方案是由两个或两个以上试验因素的不同水平相互配合构成水平组合,其设计目的一方面是要确定各试验因素的最佳水平,更重要的是了解不同因素间的相互作用,并从中选出最佳水平组合。

复因素试验的一个处理为一个水平组合,处理数为各因素水平数乘积。

【例1-1-2】对某地甜玉米生产情况进行调查,发现影响其产量和品质的主要因素是种植密度与氮肥施用量,欲了解该地甜玉米的最佳种植密度与氮肥施用量,同时还从中选出种植密度与氮肥施用量的最佳水平组合。

分析:需设计两因素试验方案以明确种植密度与氮肥施用量对甜玉米产量和品质的影响。

根据玉米栽培学原理和当地种植特点,种植密度设3水平、氮肥施用量设5水平,对两个试验因素分别划分水平如表1-1-3所示。

表1-1-3 甜玉米种植密度与氮肥施用量两个试验因素水平划分

水平编号	因素1:种植密度		水平编号	因素2:氮肥用量	
	种植密度(株/hm²)	行株距(cm×cm)		施氮量(kg/hm²)	折合尿素用量(kg/hm²)
1	60 000	70.0×23.8	1	0	0
			2	100	217
2	67 500	70.0×21.2	3	200	435
			4	300	652
3	75 000	70.0×19.0	5	400	870

---

* 以纯N计。

对两个因素的各水平进行组合，得到3×5=15个水平组合即15个处理，如表1-1-4所示。

表1-1-4 甜玉米种植密度与氮肥施用量的两因素试验方案

处理号	种植密度（株/hm²）	氮肥用量（kg/hm²）
1	60 000	0
2	60 000	100
3	60 000	200
4	60 000	300
5	60 000	400
6	67 500	0
7	67 500	100
8	67 500	200
9	67 500	300
10	67 500	400
11	75 000	0
12	75 000	100
13	75 000	200
14	75 000	300
15	75 000	400

复因素试验方案的优点是因素水平能均衡搭配，其水平组合的确定方法是：先将种植密度的1水平（60 000株/hm²）分别与氮肥用量的5个不同水平搭配，得到1、2、3、4、5共5个水平组合（处理）；同样再由种植密度的2水平（67 500株/hm²）、3水平（75 000株/hm²）分别与氮肥用量的5个不同水平搭配，得到其余10个水平组合（处理）。

从例1-1-2也可看出，如果试验因素过多、水平划分太细，试验规模将迅速扩大，往往难以全面实施复因素试验方案。

（三）不完全实施的复因素试验方案设计

由复因素试验方案的一部分处理构成的试验方案，称为不完全实施的复因素试验方案。不完全实施方案可采用正交设计、正交回归设计、旋转回归设计、最优设计等设计方法来制订。下面以正交设计为例介绍不完全实施的复因素试验方案的制订。

正交试验是借助正交表进行的一种均衡的不完全实施的复因素试验方案。当试验需要研究的因素较多时，采用正交设计既可减少处理数，又能保持试验方案的均衡性，同时还可通过对正交试验结果的分析了解全面试验的情况，找出各因素的最优水平组合。

正交表是正交试验方案设计的基本工具，它是根据均衡分布的思想，运用组合数学理论构造的一种数学表格。它主要由三部分构成，通常用 $L_k(m^p)$ 表示，其中 L 代表正交表；k 为正交表的行数，表示该正交表规定的处理（水平组合）数；p 为正交表的列数，表示最多可以安排的因素数目，或者最多可以考察的效应数目（包括主效和互作）；m 表示每个因素（列）的水平数。正交试验方案设计的基本步骤如下：

（1）列出因素水平表。根据专业知识、以往的研究结论和经验，从影响试验指标的诸多因素中，通过因果分析筛选出需要考察的试验因素。在确定试验因素时，应优先考虑对试验指标影响大的因素、尚未考察过的因素、尚未完全掌握其规律的因素。试验因素确定后，应根据专业知识和已有的资料，正确划分每个因素的水平，尽可能把水平值取在理想区域。一般以2~4个水平为宜，对主要考察的试验因素，可以多取水平，但最好不超过6个水平。

（2）选择合适的正交表。正交表的选择是高效、合理设计正交试验方案的关键。k 值太小，试验因素可能安排不下；k 值过大，处理数增多，操作难度大，试验效率不高。正交表选择的原则是在能够安排试验因素和交互作用的前提下，尽可能选用较小的正交表，以减少处理数。试验因素（包括交互作用）的个数不能大于正交表的列数，水平数应等于正交表中的水平数。

（3）表头设计。表头设计就是指将试验因素和交互作用合理地安排到所选正交表的各列中的过程。若试验因素间无交互作用，各因素可以任意安排；若要考察因素间的交互作用，各因素应按相应的正交表中交互作用列表来进行安排，以防止设计混杂。

（4）编制试验方案，按方案进行试验并记录试验结果。根据因素水平表、正交表及其表头设计编制试验方案，并根据各处理内容实施试验，记录试验结果。

【例 1-1-3】为了明确某植物组织培养中继代增殖培养基的最佳配方，拟考察细胞分裂素（6-BA）、生长素（NAA）和蔗糖的浓度这 3 个因素（每个因素均分 3 水平，即 $m=3$）对增殖培养的影响。

分析：若实施完全试验方案，则有 $3×3×3=27$ 个处理。由于试验的主要目的是考察这三个因素的效应与筛选最佳水平组合，为简化试验，可采用 $L_9(3^4)$ 正交表进行试验方案设计。

根据专业知识分析列出各因素的水平（表 1-1-5），并进行表头设计（表 1-1-6）。

表 1-1-5 继代增殖培养基配方的因素水平表

水平编号	因素		
	蔗糖浓度（g/L）	6-BA 浓度（mg/L）	NAA 浓度（mg/L）
1	0.5	0.05	20
2	1.5	0.10	30
3	2.5	0.15	40

表 1-1-6 $L_9(3^4)$ 正交表的表头设计

列号	1	2	3	4
因素	6-BA 浓度	NAA 浓度	蔗糖浓度	（空列）

根据 $L_9(3^4)$ 正交表（附表 2）编制试验方案（表 1-1-7）。

表 1-1-7 继代增殖培养基配方的正交设计试验方案

处理编号	列号			
	（空列）	6-BA 浓度（mg/L）	NAA 浓度（mg/L）	蔗糖浓度（g/L）
1	1 (0.5)	1 (0.05)	1 (20)	1
2	1 (0.5)	2 (0.10)	2 (30)	2
3	1 (0.5)	3 (0.15)	3 (40)	3
4	2 (1.5)	1 (0.05)	2 (30)	3
5	2 (1.5)	2 (0.10)	3 (40)	1
6	2 (1.5)	3 (0.15)	1 (20)	2
7	3 (2.5)	1 (0.05)	3 (40)	2
8	3 (2.5)	2 (0.10)	1 (20)	3
9	3 (2.5)	3 (0.15)	2 (30)	1

依表 1-1-7 设计的各处理内容实施试验：在初代培养的种子萌发并抽出幼芽后，切取幼芽转入继代培养基中进行继代增殖培养。每瓶培养基 4 个幼芽，每 10 瓶为一个试验单元，30 d 后统计各处理的增殖率。

思与练

1. 试验的基本任务是什么？
2. 试验方案制订时应遵循哪些基本原则？

任务1-2 设计试验单元

【知识目标】试验单元设计的要点。
【能力目标】能依据不同试验要求进行试验单元设计。

子任务1-2-1 设计田间试验小区

◆任务清单：
　　根据当地实际情况，完成下列各种不同试验小区的设计工作。

◆成果展示：
　　（一）设计一个玉米品种试验小区：
　　小区面积：_____ m^2；长：_____ m；宽：_____ m；_____ 行区。
　　（二）设计一个水稻农药试验小区：
　　小区面积：_____ m^2；长：_____ m；宽：_____ m；_____ 行区。
　　（三）设计一个大豆密度试验小区：
　　小区面积：_____ m^2；长：_____ m；宽：_____ m；_____ 行区。
　　（四）设计一个_____试验小区：
　　小区面积：_____ m^2；长：_____ m；宽：_____ m；_____ 行区。

子任务1-2-2 设计室内试验单元

◆任务清单：
　　根据当地实际情况，完成下列各种不同室内试验的试验单元设计工作。

◆成果展示：
　　（一）设计一个组织培养的培养基配方试验的试验单元：
　　试验单元大小：_____；规格要求：_____。
　　（二）设计一个_____试验的试验单元：
　　试验单元大小：_____；规格要求：_____。

子任务 1-2-3　布置试验单元

◆**任务清单**：
　　根据当地实际情况或教师指定的特定情况，完成某一试验的试验单元的布置工作（要求绘出设计草图）。

◆**成果展示**：
　　试验名称：_____。
　　试验设计方法：_____。
　　设计草图：

相关资讯

资讯 1-2-1　试验环境设计的基本要求

　　农业试验的对象是有生命的动、植物及微生物的个体或组织细胞，它们需要在不同环境条件下生长发育。由于生物对环境的敏感性，试验出现偏差是不可避免的，因此需要对试验环境进行科学合理的安排布置即进行试验设计。试验设计的主要内容包括试验单元的规格设计及试验单元数量和位置的规划。

一、试验误差的来源及其控制

（一）试验误差的概念

　　在试验中，试验处理有其真实效应，但总是受到许多非处理因素的干扰和影响，使试验处理的真实效应不能完全地反映出来。这样从试验得到的所有观察值，既包含处理的真实效应，又包含许多不能完全一致的非处理因素的偶然影响。这种由于不能完全一致的非处理因素的影响而造成各处理观察值与处理真值的偏差即称为试验误差或误差。

　　由于试验误差来源、性质和特点的不同，可分为系统误差和偶然误差两种。系统误差也称片面误差，它是由于试验处理以外的其他条件明显不一致而造成的处理观察值与其真值之间呈现的有一定方向的偏差。例如，土壤肥力梯度、测量工具的不准、试验管理操作不一致，以及操作者在观察记载时的某些习惯偏向等原因引起的试验误差，这种有一定偏向，不具有随机性的误差为系统误差，是可以克服或避免的。偶然误差又称为随机误差，简称机误。它是指在严格控制试验的非处理条件相对一致后，仍不能消除的由偶然因素引起的处理观察值与其真值的偏差。由于它是偶然因素引起的，表现出明显的随机性，因而在试验中很难对其进行控制，所以试验中的偶然误差是客观存在，而且不能消除，只能尽量降低。在试验结果的统计分析中涉及的试验误差一般指偶然误差。

试验误差是衡量试验精确度的依据，误差小表示精确度高，误差大则表示精确度低。只有试验误差小才能做出处理间差异的正确而可靠的评定。近代试验的特点在于注意到试验设计与统计分析的密切关系，即运用统计原理指导试验的设计以降低试验误差，又用统计方法处理试验结果，以合理地估计试验误差，从而提高试验的精确度。

（二）试验误差的来源

试验研究的核心是提高试验的精确度，降低试验误差。要有效降低试验误差，就应了解试验误差的来源。试验误差来源主要有以下三个方面：

1. 试验材料固有的差异 这是指试验中各处理的供试材料在遗传和生长发育状况上存在的差异，如试验材料种子大小不均匀或基因型不一致、秧苗树苗大小不一、供试肥料或农药有效成分有差异等。

2. 试验过程中操作不一致所引起的差异 这是指试验过程中除试验处理以外的栽培管理和结果观测时操作上存在的差异，如播种、移栽、施肥、浇灌、中耕除草、病虫害防治等措施的不一致性；以及对一些性状进行观察和测定时，各处理的观察测定时间、标准、人员和所用工具或仪器等不能完全一致。

3. 外界环境条件的差异 这是指试验所处自然环境条件上的差异，具体包括：①土地条件上的差异，如土壤肥力、土壤理化性质，以及地形、地势等方面的差异。这些差异是普遍存在的，是对试验影响最大，又难以控制的误差来源，也是田间试验误差的最主要来源。②试验地微域气候的差异，如试验地周围有高大的建筑或植株，有较大的水面或宽阔的公路等，都会造成试验各小区的微域气候的不同，从而引起各小区植株生长发育的不一致。③偶然性因素引起的差异，如病虫害、鸟兽危害、暴风雨袭击等自然灾害带来的差异。

（三）试验误差的控制途径

针对试验误差来源采取相应的措施，能使误差降至到最低程度。

1. 选择同质一致的试验材料 必须严格要求试验材料的基因型同质一致，且尽量选用均匀一致的试验材料，不一致的试验材料可分级、分重复使用或充分混合均匀后再使用，如供试品种的种子质量要好、整齐一致。

2. 改进操作和管理技术，使之标准化 试验中操作要仔细、一丝不苟，除各种操作尽可能做到完全一样外，一切管理操作、观察测量和数据收集都应以区组为单位进行控制，减少可能发生的差异，这就是后面要讨论的"局部控制"原理。

3. 控制外界主要因素引起的差异 试验过程中引起差异的外界因素中，土壤差异是最主要的又是最难控制的。通常采用以下三种措施：①正确选择和培养试验地。②采用合理的小区技术。③应用良好的试验设计和相应的统计分析。

正确选择试验地是使土壤差异减少到最小限度的一项重要措施，对提高试验精确度有重要作用，一般应考虑以下几个方面：

（1）试验地要有代表性。要使田间试验具有代表性，首先试验地要有代表性，即试验地的土壤类型、气候条件、土壤肥力、栽培管理水平等应能代表当地的自然条件和农业条件，以便使试验结果能在当地推广应用。

（2）试验地肥力要均匀。试验地肥力均匀是提高试验精确性的首要条件，肥力差异会影响处理效应的表现。试验地不同部位的表土、底土、地下水位、耕种历史等力求一致。一般有较严重斑块状肥力差异的田块，最好不选为试验地。

（3）试验地要平坦。水田应严格要求田块平坦，以防灌水深浅不一而影响作物生长；旱作或果树、蔬菜等应尽量选择地势平坦地块，如必须在坡地进行试验，可选择局部肥力相对比较一致的地段，以便试验时能局部控制。

（4）试验地位置要适当。试验地要尽量避开树木、建筑物、池塘、肥坑、道路等，以免造成土壤肥力和气候条件的不一致性。试验地还要注意家禽、家畜危害，最好离居民点和畜舍远些。

（5）试验地要有足够的面积和适宜的形状。条件允许的话要保证试验地的面积和形状能够合理安排整个试验。

（6）选择的试验地要有土地利用历史记录。因为土地利用的不同对土壤肥力的分布及均匀性有很大影响，故要选用近年来土地利用上相同或相近的地块。若不能选得全部符合要求的土地，只要有历史记录，就能掌握地块的栽培历史，对过去栽培过不同作物和用过不同技术措施的地块分清楚，则可以通过试验小区的妥善设置和排列做适当的补救。

（7）试验地要轮作。试验地采用轮换制，使每年的试验能设置在较均匀的地块上。

（8）试验地要匀地播种。某些要求严格的试验，在正式试验前先进行1~3年匀地播种，多采用种植密植作物；长期定位试验在匀地播种基础上还要做空白试验。

二、试验设计的基本原则

试验设计的主要目的是降低试验误差，估计试验误差，提高试验的精确度。因此，在进行试验设计时必须严格遵循三个基本原则，即设置重复、随机排列和局部控制。

（一）设置重复

重复是指在试验中每种处理安排的试验单元数。由于随机误差是客观存在的和不可避免的，若某试验条件下只进行一次试验，则无法从一次试验结果估计随机误差的大小，只有在同一条件下重复试验，才能利用同一条件下取得的多个数据的差异，把随机误差估计出来。由于随机误差有大有小、时正时负，随着试验次数的增加，正负相互抵偿，随机误差平均值趋于零，多次重复试验的平均值的随机误差比单次试验值的随机误差小，因此必须设置重复。

一般地讲，重复次数越多越好。但随着重复次数的增加，不仅试验费用几乎成倍增加，而且整个试验所占用的时间、空间范围也会增大，因而试验材料、环境、仪器设备、操作等试验条件的差异，也必然随之加大，由此引起的试验误差反而会增大。为了避免这一问题，要在同时遵循下面要讲的"局部控制原则"的前提下进行重复设置。数理统计学已证明试验误差 S_x 的大小与重复次数 n 的平方根成反比，即 $S_x = S/\sqrt{n}$。重复多，误差小，试验精确度高。因此，设置重复能够起到估计误差和减少误差的双重作用。

（二）随机排列

随机排列是指在试验中，每一个处理及每一个重复都有同等的机会被安排在某一特定的空间和时间环境中，以消除某些处理或其重复可能占有的"优势"或"劣势"，保证试验条件在空间和时间上的公平性。

随机排列可有效排除非试验因素的干扰，从而可正确、无偏地估计试验误差，并可保证试验数据的独立性和随机性，以满足统计分析的基本要求。随机排列通常采用抽签、查随机数字表（附表1）等方法来实现。随机数字表的用法在后面介绍，实践上一般采用抽签法较简便易行。

（三）局部控制

局部控制是指将整个试验环境或试验单元分成若干个小环境或小组，使小环境或小组内的非试验因素尽量一致。当试验环境或试验单元差异较大时，仅根据重复和随机化两个原则进行设计不能将试验环境或试验单位差异所引起的变异从试验误差中分离出来。因此，采用局部控制使非试验因素的影响趋于一致。每个比较一致的小环境或小组，称为区组。每个区组内的试验误差减小，区组间试验条件的差异虽较大，但可用适当的统计方法来处理。

实施局部控制时，区组如何划分应根据具体情况确定。如果日期（时间）变动会影响试验结果，就可以把试验日期（时间）划分为区组；如果试验空间会影响试验结果，可把空间划为区组；如果全部试验用几台同型号的仪器或设备，考虑仪器或设备间差异的影响，可把仪器或设备划为区组；如果有若干个人员进行试验的操作，考虑他们的操作技术、固有习惯等方面的差异，可把操作人员划分为区组；前面曾提到重复试验可以减小随机误差，但随着重复的增多，试验规模加大，试验所占的时空范围变大，试验条件的差异也随之加大，又会增加试验误差，可以将时空按重复数分为几个区组，实施局部控制。

以上所述设置重复，随机排列和局部控制三个基本原则称为费雪三原则，是试验中必须遵守的原则。再应用适当的统计分析方法就能够无偏地估计处理的效应，最大限度地降低并无偏地估计试验误差，从而对各处理间的比较做出可靠的结论。

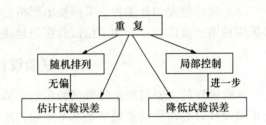

图1-2-1 试验设计三原则作用与关系示意图

试验设计三原则的关系与作用如图1-2-1所示。

资讯1-2-2 试验单元的规格设计

试验单元的形式是多种多样的，可以是一个小块地段、一株树、一盆植物等。试验单元的设计，应根据具体情况确定。

一、田间试验小区的设计

（一）试验小区的面积、形状和方向

如何确定小区的面积、形状、方向和排列方式直接关系到试验误差的控制效果。

1. 试验小区的面积

（1）农作物的小区面积。在田间试验中，安排一个处理的小块地段称为试验小区，简称小区。小区的面积可大可小，一般而言，较大面积的小区能更多地包含试验地的复杂性，从

而减少小区间的土壤肥力差异。因此，扩大小区面积有利于降低试验误差。但扩大小区面积对降低试验误差的作用是有一定限度的，同时，试验地面积也是有限的，小区面积过大往往是不现实的。通常在确定小区面积时，必须考虑以下几个方面：

① 试验种类。如机械化栽培试验、灌溉试验、有机肥料试验及病虫害试验等小区应大些，而品种试验等则可小些。

② 作物类别。种植密植作物如小麦的试验小区可小些，种植中耕作物如棉花、玉米、甘蔗等则可大些。

③ 试验地土壤差异程度。土壤差异大，小区面积应大些；土壤差异小，小区面积可相应小些。当土壤差异呈斑块状，则应用较大的小区。

④ 育种工作的不同阶段。在新品种选育过程中，品系数由多到少，种子数量由少到多，采用小区的面积应从小到大。

⑤ 试验地面积和处理数。试验地面积较大时小区可适当大些。试验处理数不多时，可采用较大小区；处理数多时，则应要用较小小区。

⑥ 试验过程中的取样需要。试验过程中如需取样进行各种测定时，则要相应增大小区面积。

⑦ 边际效应和生长竞争。边际效应是指小区两边或两端的植株，因占较大空间而表现的差异。因此，边际效应大的相应需增大小区面积。一般地讲，小区的每一边可除去 1～2 行，两端各除去 0.3～0.5 m，留下合适的收获面积，以便测产计产。

试验小区面积大小，在考虑上述因素情况下，可参考表 1-2-1。

表 1-2-1 常用田间试验小区参考面积

试验地条件和试验性质	作物类型	小区面积（m²）	
		最低限	一般范围
土壤肥力均匀	大株作物	30	60～130
	小株作物	20	30～100
土壤肥力不均匀	谷类作物	60～70	130～300
生产性示范试验	谷类作物	300～350	600～700
微型小区试验	稻麦类作物	1	4～8

（2）果树田间试验的小区面积。果树田间试验的小区一般以植株的多少而定，根据具体情况不同试验要求的株树不同，一般可参考以下资料：

① 田间预备试验。乔木果树 1～3 株，灌木或浆果 3～8 株，苗圃苗木 15～20 株，种苗 20～40 株。

② 田间正式试验。乔木树 1～9 株，多则 10～20 株；灌木或浆果 20～40 株；苗圃苗木 50～100 株。

每一处理试验总株数，乔木果树不少于 4～30 株，灌木或浆果不少于 60～120 株，苗圃苗木不少于 100～200 株。

2. 试验小区的形状和方向 小区的形状是指小区的长度与宽度的比例，适当的小区形状也能较好地控制土壤差异。一般来说，狭长形小区相对于正方形小区，更能包含试验地的土壤复杂性，因而能降低试验误差，但从减少边际效应和生长竞争的角度考虑，以正方形小区为好，综合两者的作用，小区的形状以长方形为宜，且长边应与肥力变化方向平行（图

1-2-2）。小区面积大时，长宽比以（2~3）：1为宜；小区面积较小时，可取（3~5）：1。

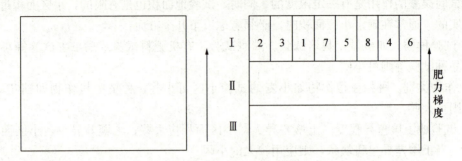

图1-2-2　按土壤肥力变异趋势确定小区排列方向
（Ⅰ、Ⅱ、Ⅲ代表重复，1、2、…、8代表小区）

（二）重复次数

重复次数的多少，一般应根据试验所要求的精确度确定。对精确度要求高的试验，重复次数应多些。一般来说，小区面积较小的试验，通常以3~6次重复较为适宜；小区面积较大的试验，一般可重复3~4次；一般生产性示范试验，1~2次重复即可。

（三）保护区和观察道的设置

在试验地周围设置保护区的作用是：①保护试验材料不受外来因素影响如人、畜等的践踏和损害。②防止靠近试验田四周的小区受到空旷地的特殊环境影响即边际效应，使处理间能有正确的比较。

保护行的数目视作物而定，如禾谷类作物一般试验地两边至少应种植4行以上、两端各设2m以上的保护行。小区与小区之间一般连接种植，不种保护行，重复之间不必设置保护行。

保护行种植的品种，可用对照品种，最好选用比试验区种植的品种略为早熟的品种，以便在成熟前提前收割，避免与试验小区发生混杂、减少鸟兽等对试验区作物的危害，也方便试验小区作物的收获。

试验地观察道主要是方便进行田间试验的栽培管理与观察测量。通常在两排小区（或两个区组）之间留0.5m宽的观察道；相邻小区之间一般不留观察道，而是以行间距作为观察测量的通道。但对于密植作物，为便于操作，在相邻小区之间也可空出一行作为观察道。

（四）区组和小区的排列

1. 农作物试验区组和小区的排列　将全部处理小区分配于具有相对同质的一块土地上，称为一个区组。一般试验设置3~4次重复，分别安排在3~4个区组上，设置区组是控制土壤差异最简单而有效的方法之一，在田间重复或区组可排成一排，也可排成两排或多排，视试验地的形状、地势等而定。特别要考虑土壤差异情况，原则上同一区组内土壤肥力尽可能一致，而区组可以存在较大差异。区组间的差异大，可通过统计分析扣除影响；而区组内差异小，能有效地减少试验误差。

小区在各区组或重复内排列方式一般可分为顺序排列和随机排列两种。顺序排列可能存在系统误差，不能做出无偏的误差估计；随机排列是各处理在一个重复内的位置完全随机决定，可避免顺序排列时产生的系统误差，提高试验的精确度。

2. 果树试验的区组和小区排列 果树试验的区组和小区排列主要考虑株间的差异，区组设计时，尽量要使区组内株间差异小，对形状不一定要求一致，甚至同一区组的各小区可以不相邻。一般可采用以下小区和区组设计：

（1）单株区组。在同一植株选择条件相近的几个主枝或大枝组，设置处理和对照，以一个主枝或大枝为小区，全株成为区组，称为单株区组。如果树试验中的花芽分化观察、授粉受精试验、修剪反应、局部枝果的保花措施、激素或微量元素的应用、品种高接比较鉴定等均可采用单株区组。

（2）单株小区。以单株为处理单位，可将供试树按干周大小及树冠大小等不同分成若干组，每一组作为一次重复区组，其中每一株为一小区。同一重复内各处理间的基础差异要小，均选同一类型树。每一重复单株小区可集中排列，也可分散排列。单株小区要求重复次数不少于 4 次，最好 8～10 次。图 1－2－3 为一个 6 个处理 4 次重复的试验，依干周大小分成 4 组，每组选 6 棵树，安排 6 个处理，每株为一个小区，图中圆圈中的号码代表干周大小不同。这样排列，同一区组的植株没有在一起，但它们的干周相近，体现了局部控制原则。

①	③	④	②	③	①	②	②	④	①
④	①	②	③	①	④	③	④	①	④
③	④	④	①	②	②	②	③	①	③
②	①	②	③	④	④	①	③	③	②

图 1－2－3 果树试验单株小区选择图
（1、2、3、4 代表树干周大小不同）

单株小区适用于品种高接鉴定试验、修剪试验、疏花疏果或保花保果试验、激素或微量元素试验。

（3）组合小区。在山地各小区中，要选择均匀一致的供试树比较困难，可选用不同树势或树龄的单株组成组合小区。在组合小区内的单株树势有强有弱，但各个小区不同树势的植株是按同样比例组成，这样小区内虽有株间差异，但小区间的差异相对减少，亦能达到局部控制要求。组合小区一般适用于品种比较试验、施肥、整形修剪试验等。

二、室内试验单元的设计

室内试验指安排在实验室内进行的试验，其环境较容易控制，如温室试验、组织培养试验、盆栽试验和人工气候室试验等。

室内试验的试验单元同样要根据不同试验目的要求进行设计，以每个单元的生物量能够反映试验的处理效应为最低限度。一般主要设计每个单元应该包含的器皿（培养皿或试管、袋子、三角瓶、盆等），每个容器内含生物数（苗数、种子数、组织数、虫口数、菌落数等），各单元中的生物量在大小、数量方面应尽量保持一致。

盆栽试验，一般以 5～20 个盆为 1 个试验单元；组培试验，一般以 5～20 个培养皿为 1 个试验单元；食用菌试验，一般以 10～50 袋或瓶为 1 个试验单元。

资讯 1－2－3 试验单元的布置

试验单元的布置即狭义的试验设计，是指对一个试验中全部试验单元的位置进行科学合理安排。

常用的试验设计按试验单元排列方式有顺序排列设计和随机排列设计。

一、顺序排列设计

顺序排列设计是将处理按一定的特点顺序编号，然后按顺序安排到各试验单元中。对照（CK）作为 1 个特殊处理安排。试验实施比较方便，一般用于精确度要求不高、不需做统计分析的早期探索性试验或后期的示范性试验。

顺序排列设计主要有对比法试验设计和间比法试验设计两种。

（一）对比法试验设计

1. 设计方法　①每个处理排在对照两旁。即每隔 2 个处理设立 1 个对照，使每个处理的试验小区，可与其相邻对照相比较。②由于对照要占约 1/3 面积，土地利用率不高，故处理数不宜超过 4 个，最好是 1～2 个。通常不设重复或设 2 次重复（通常不做统计分析），但对 2 个处理的试验结果若要进行统计分析，需重复 5 次以上。

2. 适用范围　主要用于成熟技术或成果的大区生产性示范试验，一般每个小区面积在 300 m² 以上。

【例 1-2-1】4 个处理的对比法设计。其设计结果如图 1-2-4。

图 1-2-4　4 个处理的无重复对比法设计图示
（1、2、3、4 代表处理编号，CK 为对照）

（二）间比法试验设计

1. 设计方法　①将全部处理顺序排列，每隔 4 个或 9 个处理设一对照。②每一排小区的开始和最后一个小区都是对照，若在一排小区的最后一个小区并不刚好是对照时，需空出一个小区以安排额外对照（ExCK）。③间比法试验一般不设重复。④如果一块土地不能安排试验的全部小区，则可在第二块地上接下去，如图 1-2-5 所示。

2. 适用范围　主要用于处理数量多、精确度要求不高、不需做统计分析的早期探索性或初步观察型试验，试验单元一般较小，有时甚至只有一行、一盆或一袋，如作物育种程序中的鉴定圃就是采用间比法设计。

【例 1-2-2】20 个处理的间比法设计。假设每隔 4 个处理设一对照，则其设计结果如图 1-2-5 所示。图中在第一排最后一个小区并不是正常的对照，需要增设一个额外对照，同理第二排第一个小区也需增设额外对照。

CK	1	2	3	4	CK	5	6	7	8	CK	9	10	ExCK
CK	20	19	18	17	CK	16	15	14	13	CK	12	11	ExCK

图 1-2-5　20 个处理的无重复间比法设计图示
（1、2、3、4、…、20 代表处理编号，CK 为对照，ExCK 为额外对照）

对比法和间比法试验设计的优点是设计简单，操作方便，可按品种成熟期、株高等排列，能减少边际效应和生长竞争。但缺点是虽增设对照，但由于小区排列不随机，估计试验误差有偏性，理论上不宜应用统计分析进行显著性测验。

二、随机排列设计

随机排列设计强调有合理的误差估计以排除误差的影响找出处理的本质效应。常用于对精确度要求较高的研究型试验。它的对照（CK）与其他处理等价，只作为一个普通处理安排。

随机排列设计包括完全随机设计、随机区组设计、拉丁方设计和裂区设计等方法。下面主要介绍完全随机试验设计与随机区组试验设计两种方法。

（一）完全随机试验设计

1. 设计方法　完全随机设计又称随机试验设计，它是将各处理完全随机地分配在不同的试验单元，每一处理的重复次数可以相等也可以不等。这种设计使得每一个试验单元都有同等机会接受任何一种处理。

2. 适用范围　完全随机试验设计由于无局部控制，要求试验环境条件相当均匀一致，适用于在实验室、温室中进行的研究型试验，一般重复3次或3次以上。田间试验一般不用完全随机设计，多采用随机区组设计。

【例1-2-3】要检验三种不同的生长素，同一个剂量，测定对油菜苗高的效应，包括对照（清水）在内，共4个处理，若用盆栽试验，每处理用6盆，共24盆，随机排列是将每盆标号1、2、…、24，然后查随机数字表（附表1）得第一处理为（24、13、9、6、12、1），第二处理为（2、7、18、22、5、20），第三处理为（3、4、10、16、21、15），第四处理为（18、11、14、17、19、23）。

（二）随机区组试验设计

随机区组设计的特点是根据"局部控制"原则，将试验地按肥力程度划分为等于重复次数的区组，一个区组安排一个重复，区组内各处理都独立随机排列。随机区组设计按试验因素的多少分为单因素随机区组试验设计和多因素随机区组试验设计。

1. 单因素随机区组试验设计

（1）设计方法。先将整个试验环境按干扰因素（如肥力水平）分成若干个区组，每个区组内土壤肥力等环境条件相对均匀一致，而不同区组间相对可以有差异较大，然后在每个区组中随机安排全部处理，如图1-2-6所示。

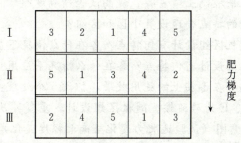

图1-2-6　5个品种3次重复的小麦产量比较试验随机区组设计图示
（1、2、3、4、5代表处理编号，Ⅰ、Ⅱ、Ⅲ为区组编号）

(2) 适用范围。试验时，有一个明显的干扰因素，使得试验单位不一致。例如，5个不同小麦品种的产量比较试验，试验地按某方向存在明显肥力梯度，则试验小区间存在肥力差异。

2. 多因素随机区组试验设计

(1) 设计方法。与单因素随机区组设计类似，不同之处是在单因素时处理是单因素的每个水平，在多因素时处理是多因素各水平之间的交叉组合。例如，玉米品种（A）与施肥（B）两因素试验，A因素有A_1、A_2、A_3、A_4这四个水平，B因素有B_1和B_2两个水平，共有8个水平组合即处理A_1B_1、A_1B_2、A_2B_1、A_2B_2、A_3B_1、A_3B_2、A_4B_1、A_4B_2，分别用1、2、3、4、5、6、7、8代表，随机区组设计，设置3个区组，如图1-2-7所示。

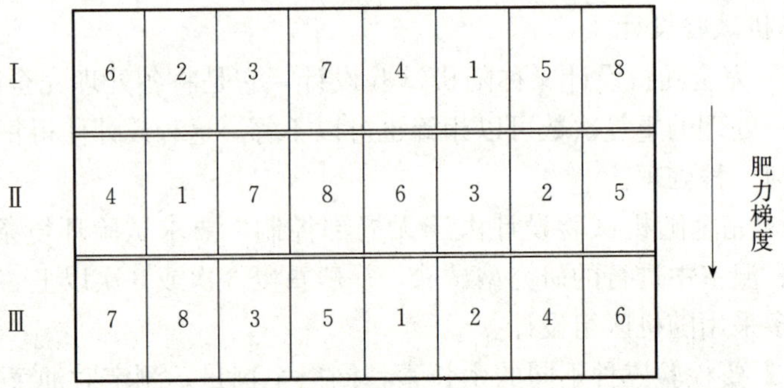

Ⅰ	6	2	3	7	4	1	5	8
Ⅱ	4	1	7	8	6	3	2	5
Ⅲ	7	8	3	5	1	2	4	6

肥力梯度 ↓

图1-2-7 2个因素8个处理3次重复的随机区组设计图示
（1、2、3、…、8代表处理编号，Ⅰ、Ⅱ、Ⅲ为区组编号）

(2) 适用范围。有两个（两个以上）地位平等的试验因素；有一个明显的干扰因素，使得试验单位不均匀一致。例如，玉米品种（A）和施肥（B）的两因素试验，试验地按某方向存在明显肥力梯度，则试验小区间存在肥力差异。

随机区组设计是在完全随机设计的基础上增加了局部控制的原则，从而将试验环境均匀性的控制范围从整个试验地缩小到一个区组，区组间的差异可以通过统计分析方法使其与试验误差分离，所以随机区组设计的试验精确度较高。

思与练

1. 什么是试验误差，其来源有哪些？准确度与精确度有何区别？
2. 如何利用试验单元来控制土壤差异，提高试验精确度？
3. 如何根据果树试验的特点合理设置小区和区组？
4. 完全随机设计、随机区组设计有何特点？各在什么情况下应用？
5. 对比法设计和间比法设计有何特点？各在什么情况下应用？
6. 为比较4个氮肥品种在番茄上的施用效果，拟设5个处理：A为对照、B为尿素、C为硫酸铵、D为碳酸氢铵、E为硝酸铵。随机区组设计，重复4次，小区面积$10 m^2$，试画出田间区组和小区排列示意图（试验地肥力变化呈南北梯度变化）。

任务1-3 拟定试验计划

【知识目标】试验计划书的基本格式及内容写作要求。
【能力目标】能独立撰写小课题的试验计划书。

子任务1-3-1 编制试验计划书

◆任务清单：
　　根据当地生产中实际情况确定试验课题，或在教师的指导下由学生自己立题进行试验设计并拟订试验计划，也可采用下列资料模型建立选题：
　　[模型1] 从外地引进某作物4个品种（A_1、A_2、A_3、A_4）与当地一主栽品种（A_0）进行品种比较试验。
　　[模型2] 某种新的农药（B_0）防治某作物的某种病（虫）害，与其他三种农药（B_1、B_2、B_3）进行药效试验对比。
　　[模型3] 某植物组织培养过程中，对某元素（激素）的最佳浓度尚未清楚，需要设计含不同浓度元素（激素）的培养基进行比较试验。
　　要求：根据上述资料模型或根据本地生产中存在的问题自己选题，完成一份试验计划书的写作，要求计划书格式完整、行文流畅、措辞严谨，字数在1000字左右。交电子稿（Word文档）或打印稿，页面设置为A4，正文为宋体、小四号字，单倍行距。

◆成果展示：
　　课题名称：_____
　　内容提要：_____

子任务1-3-2 设计并绘制田间种植图

◆任务清单：
　　某试验地长30 m、宽25 m，有东西方向的肥力梯度。今欲安排一个二因素试验：A因素为大豆品种，有A_1、A_2这2个品种；B因素为种植密度，有B_1、B_2和B_3这3个水平。试验采用随机区组设计，3次重复。小区面积大约在30 m²左右，大豆种植行距为30 cm。

◆成果展示：
　　①写出本试验全部处理组合：
　　组合名称：_____

②画出田间种植图（要求区组采用多排式，并标明小区长、宽、保护行、走道的尺寸）。

资讯 1-3-1　试验计划的拟订

试验方案确定后，在进行试验之前，应制订一份文字计划即试验计划，明确试验的目的意义、试验内容方法及各项技术措施的规格要求等，以便在试验过程中检查执行情况，保证试验任务的完成。

一、试验计划书的内容

从不同途径申请科研课题，拟定试验计划书时其格式有所不同，但其中要说明的内容基本上是相似的。下面以小课题研究为例说明试验计划书的主要内容。

（一）课题名称（题目）

课题名称（题目）要求能精炼地概括试验内容，包括供试作物类型或品种名称、试验因素及主要指标，有时也可在课题名称中反映出试验的时间、负责试验的单位与地点，如"诱蝇剂的不同悬挂高度对柑橘虫害的防治效果研究""不同培养料对平菇产量和品质的影响""2003年全国烤烟品种区域试验计划"等。

（二）正文

正文的写作要求行文朴实、流畅，措辞严谨，不要用太华丽的形容词。正文主要包括以下6个部分的内容：

1. 试验的目的意义　试验目的要明确地体现在计划书中，应该至少包括三方面内容：①说明为什么要进行本试验。可从供试作物的市场及应用价值、该作物生产上存在的最主要问题等方面出发，提出你对解决存在问题的建议措施，即引出你要研究的问题——试验因素。②试验的理论依据。从理论上简要分析你的试验因素对问题解决的可行性。③别人的同类试验成果。增加别人对你的试验特点的了解，以突出自己试验的特点。

2. 试验的基本条件　试验的基本条件是为了更好地反映试验的代表性和可行性。田间试验的基本条件包括试验的地点、土壤类型及土壤肥力状况、试验地的地形地势、前茬作物、排灌条件等内容；室内试验的基本条件主要应阐述实验室环境控制与有关仪器设备是否能满足植物培养与分析测定的需要。

3. 试验方案　试验方案是围绕试验目的要求，经过精密考虑、仔细讨论后被提出来的，在试验计划中要写得清楚、具有可操作性。一般应说明试验的供试材料的种类及品种名称，试验因素、水平、处理的数量及名称，对照的设置情况。

4. 试验设计　试验设计主要叙述采用的试验设计方法，试验单元的大小、重复次数、重复（区组）的排列方式等内容。

田间试验的试验单元设计包括小区的长、宽和面积，几行区（即每个小区种植多少行）；室内试验的试验单元设计主要写明每个单元包含多少个容器，每个容器内所含生物数。

5. 主要操作管理措施　其简要介绍对供试材料的培养或栽培措施。在田间试验中，介绍供试作物的主要栽培管理措施，包括整地要求、播种规格、育秧（苗）方式、移栽时期、各主要生育时期的肥水管理（施肥方式、种类、数量）及其他农艺措施（中耕次数及时期）。

对组织培养或食用菌栽培等方面的室内试验主要介绍培养料（基）的准备、消毒措施、接种方法要求、培养室的温度、湿度及光照控制等。

6. 观察记载、分析测定项目及方法　观察记载、分析测定是积累试验资料、建立试验档案的主要手段，因此要尽可能详细地观察所有对植物生长发育有影响的环境条件及植物生长发育过程中的各项性状表现。

田间试验主要对气候条件、田间农事操作、作物生育动态（各个生育期、形态特征、特性、生长动态、经济性状以及病虫害发生情况等）、室内考种与测定项目（如种子千粒重、结实率、种子成分及品质分析等）进行观察记载。对于一些不常用的观察记载、分析测定项目，需要对其观察测定方法进行特别说明。

一般以一个试验单元（小区）为一个观察记载单位，但某些性状观察记载工作量太大或不便于以试验单元（小区）为一个观察记载单位时，也可在一个试验单元（小区）内进行抽样调查。

（三）试验进度安排及经费预算

试验进度安排说明试验的起止时间和各阶段工作任务安排。经费预算要在不影响课题完成的前提下，充分利用现有设备，节约各种物资材料。如果必须增添设备、人力、材料，应当将需要开支项目的名称、数量、单价、预算金额等详细写在计划书上（若开支项目太多，最好能列表），以便早做准备如期解决，防止影响试验的顺利进行。

（四）落款

写明试验主持人（课题负责人）、执行人（课题成员）的姓名和单位（部门）。

（五）附录

附录主要是便于自己今后实施的需要，包括绘制试验环境规划图（田间种植图）、制作观察记载表。田间种植图上应详细记下重复的位置、小区面积、形状、走道、保护行设置等，以便日后实施时查对。

二、试验计划书的编制

编制一份试验计划书一般包括以上提及的各项主要内容，但在写作时还要根据需要进行灵活增减。如有些试验所用的方法比较特殊，应在计划中加上一项试验方法；有些试验还包括一些辅助性试验如盆栽试验、室内分析等，应在计划上列出有关项目；有些试验不只是在一个地方进行,应当在计划上列出各试验地点的基本情况。为保证试验顺利进行,各项规定都应写在计划上,但也要求简明扼要,条理清晰,可写可不写的就不要写。

【例1-3-1】冬种甜玉米不同密度试验计划书范文。

种植密度对冬种甜玉米鲜苞产量的影响

一、试验的目的意义

近年来广西冬季农业方兴未艾,冬种甜玉米由于鲜苞在五一节前收获,弥补了市场蔬果淡季,具有较好的经济收益。但鉴于以收获鲜苞为主的甜玉米比收获籽粒的普通玉米在植株高度、全生育期、生长特点等方面有较大的差异,而大部分地区却仍采用普通玉米的种植方式,在一定程度上制约了甜玉米鲜苞产量,影响了冬种经济效益的进一步提高。尤其是在甜玉米种植密度安排上,对低温条件下植株生长缓慢、株高降低等特点下的适宜密度尚未有充分的研究。

本试验拟通过对鲜苞甜玉米的不同种植密度研究,以期寻找到冬种甜玉米的最适种植密度,为进一步提高甜玉米鲜苞产量、增加农民经济效益提供依据。

二、试验地基本情况

试验将于2010—2011年秋冬季在广西农业职业技术学院实习农场进行。试验地肥力中等、地势平坦,土壤为轻黏土,田块排灌方便,前茬为水稻,收获后耕翻晒田。

三、试验方案

供试品种为华南农业大学农学系育成的超甜43号甜玉米,试验共设置5个不同的密度(处理),分别是57 000株/hm^2(株距0.32 m)、61 500株/hm^2(株距0.30 m)、66 000株/hm^2(株距0.28 m)、70 500株/hm^2(株距0.26m)、75 000株/hm^2(株距0.24 m)。试验不设对照。

四、试验设计

试验采用随机区组设计,3次重复,小区宽3.3 m,长9.5 m,小区面积为31.35 m^2,六行区。田间环境规划详见附图。

五、主要栽培管理措施

试验于1999年11月中旬播种,双行单株种植,大行距0.7 m,小行距0.4 m,起畦种植,基肥以土杂肥为主,混施复合肥525 kg/hm^2,播后覆盖地膜。拔节前追施磷肥300~450 kg/hm^2、钾肥75~150 kg/hm^2,并结合中耕培土。孕穗期追施钾肥75~150 kg/hm^2及尿素75~150 kg/hm^2。

六、观察记载项目

主要观察调查冬种甜玉米各生育时期,测量株高、穗位及生长速度、叶面积指数,收获时以小区为单位累计各小区鲜苞产量并进行室内考种。另外在全生育期间,还应注意记录气温的变化情况。

七、试验进度安排及经费概算

试验于1999年11月开始,至次年6月结束。共需试验经费350.00元,其中工人工资170.00元，肥料开支100.00元，机耕、水电及地租80.00元。

　　　　　　　　　　　　　　　　试验负责人：×××

　　　　　　　　　　　　　　　　试验执行人：×××、×××、×××

附：冬种甜玉米不同密度试验田间种植图

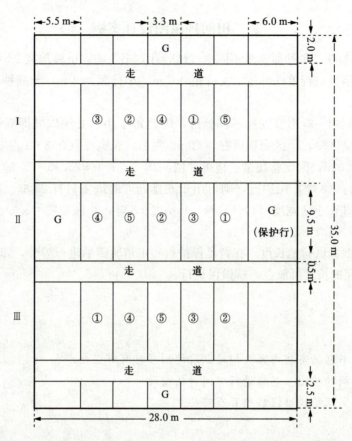

注：试验地长35.0 m，宽28.0 m，全田共980.0 m²。小区宽3.3 m，长9.5 m，面积31.35 m²，六行区（3畦），区组之间走道宽0.5 m。试验区两边各5畦（5.5 m）保护行。

　　试验计划是试验实施的依据，更是试验成败的关键，必须慎重考虑，认真制订。为使试验计划拟订更加科学合理，让参试人员都能比较深刻地理解试验目的、要求和方法，在拟订试验计划时所有参试人员都应积极参与，提出自己的意见，经充分讨论、修改后形成文字计划。计划确定后，每个参试人员都应遵守和执行计划的规定，不得私自随便更改。如果在执行中发现计划中有遗漏的地方或由于条件的变化，原计划有不适应的地方，也必须经过大家讨论后才能修改。

资讯1-3-2　田间种植图的设计方法

一、田间种植图设计要点

　　田间种植图设计的切入点：在设计小区时，小区的宽度应是行距（或畦宽）的整倍数。根据这一切入点,首先应根据土壤肥力梯度变化方向确定小区方向,田间播种行向;然后根据田间宽度,计算出全田可安排的行(畦)数,通过计算分析出每个小区最多可以安排的行(畦)数,在此基础上根据实际需求确定每个小区的种植行(畦)数,从而确定小区宽度。最后再根据小区面积大小的要求及试验地的实际长度选择小区适宜的长度。

二、田间种植图设计案例

【例1-3-2】在"冬种甜玉米不同密度试验计划书"中,试验地宽28.0 m、长35.0 m。试验要求种植规格是双行单株种植,大行距0.7 m,小行距0.4 m,起畦种植,设计田间种植图。

分析:考虑到同一畦不宜安排不同处理,因此每个小区必须以畦即双行为单位进行种植。同时作为栽培试验,小区面积可在30.0 m² 左右,长宽比宜在3∶1左右。

试验地宽28.0 m,因此整块试验地可种植:28.0÷1.1≈25.45=25 畦。由于试验地两边至少要各留4行(2畦)保护行,则可用于安排处理的最多只有21畦。因此每个小区可选择种植:① 4畦,小区宽度=4×1.1=4.4 m;② 3畦,小区宽度=3×1.1=3.3 m;③ 2畦,小区宽度=2×1.1=2.2 m。

小区长度可根据试验地长度,在留足保护行和走道所需后进行等分,如例1-3-1小区长9.5 m,用不完的长度可放在一端做保护行。

思与练

1. 试验计划书包括哪些内容?拟定试验计划书时有哪些要求?
2. 什么是田间种植图?怎样进行田间种植图设计?
3. 常见的田间试验观察记载项目有哪些?

任务1-4 管理实施试验

【知识目标】试验前的准备工作要点。
【能力目标】能依据试验计划书的内容,做好试验前的各项准备工作;能依据不同试验要求进行田间试验区划。

子任务1-4-1 列制试验准备工作清单

◆任务清单:
根据试验计划书范文或自己拟定的试验计划的要求,列出试验前需要准备的各项工作任务的名称及工作要点。

◆成果展示：

试验前准备工作任务

序号	准备事项	工作内容提要
1		
2		
3		
4		
⋮		
⋮		

子任务1-4-2　田间试验区划

◆任务清单：
　　根据试验计划书范文或自己拟定的试验计划的要求，仔细阅读田间种植图，依据田间区划的要求与方法对试验地进行区划。

◆成果展示：
　　操作体会：_____
_____
_____。

子任务1-4-3　编制试验过程管理方案

◆任务清单：
　　根据试验计划书范文或自己拟定的试验计划的要求，列出试验实施过程中需要完成的各项操作管理任务的名称及工作要点。

◆成果展示：

试验前准备工作任务

序号	操作任务	工作内容提要
1		
2		
3		
4		
5		
6		
⋮		
⋮		

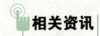

资讯 1-4-1 试验前的准备工作

在进行试验之前,应做好充分准备,对试验环境进行科学合理的布置,以保证各处理有较为一致的环境条件。

一、田间试验的准备

(一)试验地的准备

试验地在进行区划前,应该按试验要求施用基肥,最好采用分格分量方法施用,以达到均匀施肥。

试验地在犁耙时要求做到犁耕深度一致,耙匀耙平。犁地的方向应与将来作为小区长边的方向垂直,使每一重复内各小区的耕作情况一致,因此犁耙工作应延伸到将来试验区边界外几米,使试验范围内的耕层相似。

(二)试验地的田间区划

试验地准备工作初步完成后,即可按试验计划与田间种植图进行试验地区划。试验地区划主要是确定试验小区、保护行、走道、灌排水沟等在田间的位置,其操作步骤如下:

1. 试验区的位置确定

(1)在选好的地块上先量出试验区的一个长边的总长度(包括小区长、区组间走道宽、两端保护行长等),并在两端钉上木桩作为标记。

(2)以这个固定边作为基本线,于一端拉一条与基本线垂直的线,定为宽度基本线。依据勾股定律确定直角,即先在长边的基本线上量 3 m 为 AB 边,以 B 为基点再拐向宽边量出 4 m 长的一段为 BC 边,用 5 m 一段的长度连接成 AC 边作为三角形的斜边。如果斜边的长度恰好是 5 m,证明是直角。如果不是 5 m 说明不是直角,应重新测量直到准确为止。

(3)延着已确定的直角线将宽边延长到需要的长度,在终点处做出标记。采用同样方法确定其他三个直角,并把两个宽边与另一长边都划出来,这样试验区总的位置及轮廓就确定了(图 1-4-1)。

2. 区组确定 沿着试验区的长边将保护行、走道、小区行长的长度区划出来,要求在两个长边同时进行,钉上木桩,用细绳将两端连接起来,使区组间的走道平直,用铁锹、锄头、镐或划印器做出标记。

3. 小区确定 沿着每个重复的长边将小区的宽度区划出来,按田间种植图将各小区标牌插在每个小区的第一行顶端处。如果是垄作地块,则宽度直接按小区行数数出来即可。

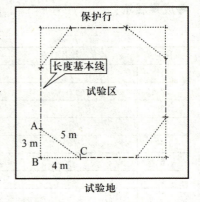

图 1-4-1 划出试验区

区划时，首先沿试验区较长一边定好基线，两端用标杆固定，然后在两端定点处按照勾股定理各做一条垂直线，作为试验区的第二边和第三边，同时可得第四边。试验区轮廓确定后，划分出区组间走道或灌排水沟，同时划出区组，继而划分每个区组内的各个小区，最后逐一检查，以保证纵横各线的垂直及长度准确。

试验地区划后，即可按试验要求做小田埂、灌排水沟等，最后在每小区前插上标牌，标明处理名称与重复（区组）编号。一般在标牌上写明区组号（常用罗马数字表示）、小区号和处理名称（或代号）。如图1-4-2的标牌表示为第二区组第3个小区，处理的名称或代号为A。标牌在播种（或移栽）前插下，直到收获，一直保留于田间。标牌必须字迹清楚，位置准确。

（三）种子准备和播种或移栽

1. 种子准备 在品种试验及栽培或其他措施的试验中，需事先测定各品种种子的千粒重和发芽率。各小区（或各行）的可发芽种子数应基本相同，以免造成植株营养面积与光照条件的差异。育种试验初期，材料较多，而每一材料的种子数较少，不可能进行发芽试验，则应要求每小区（或各行）播种粒数相同。移栽作物的秧苗也应按这一原则来计算。

图1-4-2 标 牌

按照计划书的试验设计要求顺序准备种子，避免发生差错。根据计算好的各小区（或各行）播种量，称量或数出种子，每小区（或每行）的种子装入一个纸袋，袋面上写明小区号码（或行号）。水稻种子的准备，可把每小区（或每行）的种子装入尼龙丝网袋里，挂上编号标牌，以便进行浸种催芽。

需要药剂拌种的，应在准备种子时做好拌种。准备好当年播种材料的同时，须留同样材料按次序存放仓库，以便遇到灾害后补种时备用。

2. 播种或移栽 如人工操作，播种前须按预定行距开好播种沟，并根据试验计划书和田间种植图在田间各小区插上区号标牌，经查对无误后才按区号（或行号）分发种子袋，再将区号（或行号）与种子袋上号码核对一次，使标牌号（区号）、种子袋上区号（行号）与记载本上区号（行号）三者一致，核对无误后再开始播种。播种时应力求种子均匀，深浅一致，尤其要注意各处理同时播种，播完一区（行），种子袋仍放在小区（行）的一端，播后需逐行检查，如有错漏，应立即纠正，然后覆土。整个试验区播完后再复查小区，如发现错误，应在记载本上做相应改正并注明。如用播种机播种，小区形状要符合机播要求，先要按规定的播种量调节好播种机，开始播种时播种机的速度要均匀一致，而且种子必须播在一条直线上。

出苗后要及时检查所有小区的出苗情况，如有小部分漏播或过密，必须及时设法补救；如大量缺苗，则应详细记载缺苗面积，以便以后计算产量时扣除，但仍需补苗。

如要进行移栽，取苗时要力求挑选大小均匀的秧苗，以减少试验材料的不一致；如果秧苗不能完全一致，则可分等级按比例等量分配各小区中，以减少差异。移栽需按预定的行穴距，保证一定的密度，务必使所有秧苗保持相等营养面积。移栽后多余的秧苗可留在区（行）一端，以备必要时进行补栽。

整个试验区播种或移栽完毕后，应立即播种或移栽保护行。若实际播种移栽情况与试验计划有出入的，要在田间种植图上进行标注说明。

二、室内试验的准备

（一）试验场所的准备

试验场所的准备主要是对实验室环境及用具进行清洁、消毒，同时检查相关仪器设备是否能正常运转。

（二）试验单元的布置

室内试验的试验单元可根据试验计划要求按一定顺序或随机摆放。若需要对试验进行局部控制，要注意同一区组内各试验单元之间的环境条件差异应该尽可能小。

（三）供试材料的准备

供试材料的准备包括试验所需的生物材料及非生物材料。例如，植物组织培养试验中，需要准备的供试材料包括用于培养的植株或相应部分的器官或组织、细胞等生物材料；而培养基的各种营养成分、固定物等为非生物材料。

在供试材料准备过程中，应着重要求其纯正、准确，以确保处理本身的典型性，保证处理间的严密可比性，从而降低试验误差。

资讯 1-4-2　试验过程管理

在执行试验的各项管理措施时应严格遵守"唯一差异原则"，除了试验设计所规定的处理措施间有差异外，其他管理措施应保持一致，使非处理因素对各试验单元的影响尽可能没有差别。

要求同一项田间作业项目必须由同一人在同一天用同样的工具同质量的完成，如遇到特殊情况不能一天完成，则应坚持完成一个重复。田间管理的措施主要包括中耕、除草、施肥、防治病虫害等，各有其技术操作特点，要尽量做到一致，从而最大限度地减少试验误差。

田间试验管理过程的一般工作要点：

1. 施追肥　除专门的肥料试验外，用肥种类、用肥量、施用时间等都要一致，且要全田匀施。若用农家肥更要强调肥料的均一性。

2. 补种或补栽　出苗后仔细检查试验田内的出苗情况，发现断垄缺苗，应当及时补种或补栽，补种或补栽的地段应标记清楚，不作以后计产和其他农艺性状考察的样株。

3. 中耕除草　由于田间试验性质的不同，试验田除草的方法也不一样。在轮作、耕作试验中，要经常计算杂草的数目，应根据试验设计进行除草工作。在不计算杂草数目的一些试验中（如肥料试验、品种试验），田间杂草会影响所研究的技术方法，因此需经常进行除草工作。整个试验各小区的中耕除草次数、深度和质量等应力求一致。例如，中耕除草作业能在一天内完成的必须争取在一天内完成；一个人能在一天内完成任务者，就让一个人来进行；若一个人不能完成，可以一个人完成一个区组。总之，其目的在于使外界环境所造成的差异降到最低程度。

4. 防治病虫害　病虫危害是增大试验误差的重要因素，这是因为除了严重的流行性危害外，通常病虫的损害都呈斑块状，使小区间和小区内的变异增加。因此，要做好防治工作，把病虫危害减至最小。防治病虫害总的要求是及时、彻底，各处理间一致，而且要在尚未达到影响产量以前防治。喷药防治病虫害时，各小区用药量、水量要相同，要防止喷到邻区去。

思与练

1. 试验的准备主要做些什么工作？
2. 什么是田间区划，使用什么工具？怎样进行田间区划？
3. 简述试验实施应注意什么问题？

项目 2　收集与整理试验资料

- 知识目标：明确资料的基本概念及试验资料收集的基本方法，掌握试验资料的整理要点。
- 能力目标：能具体分析某一试验资料的内涵概念，会根据试验计划书进行试验资料的收集，并能对收集到的资料进行初步整理。
- 素质目标：具有实事求是、一丝不苟的科学精神及敏锐的洞察力，善于独立思考，能透过纷繁的数据资料看到本质。

任务 2-1　收集资料

【知识目标】资料的基本概念及资料收集的基本方法要求。
【能力目标】能解读资料中的相关概念，会编制观察记载表。

子任务 2-1-1　解读资料

◆任务清单：
对下列试验资料进行概念解读。

◆成果展示：

【资料 1】对玉米品种掖单 12 号进行地膜覆盖栽培和营养杯移栽两种种植方式对比试验，各随机抽取 10 株调查株高（cm）结果如下：

| 地膜覆盖 | 189 | 177 | 185 | 169 | 184 | 188 | 201 | 158 | 182 | 193 |
| 营养杯移栽 | 116 | 161 | 174 | 167 | 173 | 170 | 171 | 157 | 180 | 139 |

观察项目是：_____；观察单元是：_____；重复次数为_____。
有_____个总体，总体是_____。
试验共抽了_____个样本，样本容量 $n=$_____。
样本是_____。
试验结果属于_____资料。

【资料 2】调查红花与白花豌豆杂交二代群体，在 100 株豌豆中有 75 株开红花、25 株开白花。

观察项目是：_____；观察单元是：_____；重复次数为_____。
有_____个总体，总体是

试验共抽了_____个样本，样本容量 $n=$_____。
样本是_____。
试验结果属于_____资料。

【资料3】调查某水稻品种 10 蔸植株的单株分蘖数，分别得到结果如下：18、20、22、17、15、26、23、22、21、24。

观察项目是：_____；观察单元是：_____；重复次数为_____。
有_____个总体，总体是_____。
试验共抽了_____个样本，样本容量 $n=$_____。
样本是_____。
试验结果属于_____资料。

【资料4】为了解水稻产量构成因素之间关系及其 667 m² 产量的影响，对 9 块种植"秋优 1025"的稻田进行调查，测得每块田的每 667 m² 有效穗数（万穗）与 667 m² 产量（kg）资料如下：

田块编号	1	2	3	4	5	6	7	8	9
每 667 m² 有效穗数（万穗）	19	21	15	18	17	23	25	17	19
每 667 m² 产量（kg）	430	443	471	482	443	460	403	453	440

观察项目是：_____；观察单元是：_____；重复次数为_____。
有_____个总体，总体是_____。
试验共抽了_____个样本，样本容量 $n=$_____。
样本是_____。
试验结果属于_____资料。

子任务 2-1-2 编制观察记载簿

◆任务清单：
根据自己开展的试验研究，编制观察记载表。

◆成果展示：

观察记载表

处理编号	处理名称	观察项目				

资讯 2-1-1 常用的统计术语

一、总体与样本

具有共同性质的全部个体所组成的集团称为总体,总体又分为有限总体和无限总体。有限总体指的是总体中包含的个体数是有限的,可以计数。无限总体指的是总体中包含的个体是无限的、数不清的,表示包括的个体数大到无限。例如,苹果品种红富士的总体,指的是红富士这一品种在多年、多地点无数次种植中的所有个体,它是无法计数的,这一总体称为无限总体。对某一果园中种植的红富士苹果的株数,是可以计数的,这样的总体称为有限总体。统计上有关取样误差的计算大多数假设来自无限总体,用 N 表示总体容量。

生产试验中研究的对象是总体,但是总体所包含的个体太多,往往不可能也不允许我们对其逐个研究。因而,一般总是只能从总体中抽取若干个体来研究,这些个体的集合称为样本。生产试验研究中常用样本的事实来反映总体的情况。例如,对于某一小麦品种的穗分化情况调查,不能把这一品种的每一株都拔来放在显微镜下观察,同时也不允许这样做。因此,一般用样本来研究总体。样本中包含的个体数称为样本容量或样本含量,用 n 表示样本容量。

样本有大有小,一般 $n \geqslant 30$ 为大样本,$n < 30$ 为小样本。从理论上讲,样本容量越大估计的准确性就越大,但在实际上有许多情况是不允许有大样本的,因为样本大所花的人力物力都大,经济上不合算。而且有的检验是破坏性的,如农产品中农药残留量的测定,样本检验了,产品也就破坏而没有使用价值了。因此,在实际工作中小样本的实用价值较大。

二、资料、观察值、变数

试验中需要对试验的生物体进行一系列的观察、测定和记载。经过观察记载得到该生物体各种性状、特性的大量的数据,这些数据称为资料。同一总体的各个体间在性状或特性表现上有差异,因而总体内个体间呈现不同或者说表现变异。例如,调查某地某一小麦品种100个麦穗的每穗小穗数,由于受许多偶然因素的影响,可能每穗小穗数不一样。每一个体的某一性状、特征的测定数值称为观察值,组成总体或样本的一群观察值的集合称为变数。由于个体间属性相同,但受随机影响造成观察值或表现上的变异,所以变数又称为随机变数。

三、参数与统计数

由总体的全部观察值计算得到的总体特征数为参数,它是该总体真正的值,是固定不变的。由样本观察值计算得到的样本特征数为统计数,它因样本的不同而常有变动。它是估计值,根据样本不同而不同。例如,水稻品种南优2号的株高,其总体平均值为95 cm,它是一个真值,为参数;而从中抽取出来的样本的平均数为91.4 cm,它是估计值,为统计数。

因为总体参数不易获得,通常用统计数来估计参数,一般的参数用希腊字母表示,统计数用拉丁字母表示，如平均数和总体平均数用 μ 表示，样本平均数用 $\bar{x}$ 表示，用 $\bar{x}$ 估计 μ。

资讯 2-1-2　试验资料的收集

试验研究的目的就是运用试验结果来指导农业生产和发展农业生产，对试验的观察记载是分析试验结果的主要依据。因此，为了全面解释试验结果，就要在农作物生长发育期间对其进行详细的观察记载和测定。下面以田间试验为例说明试验资料的收集：

一、试验资料的收集内容和方法

（一）试验的田间观察

为了对田间试验结果进行全面解释，除了获得产量结果及相关考种结果外，往往在作物生长期进行相关项目的观察记载和测定。

1. 田间试验的观察记载　在作物生长发育过程中根据试验目的和要求进行系统的、正确的观察记载，掌握丰富的第一手材料，为得出规律性的认识提供依据。因试验目的不同，观察记载项目也有差异，田间试验常见观察记载项目有：

（1）气候条件的观察记载。正确记载气候条件，注意作物生长动态，研究两者之间的关系，可以进一步探明作物产量、品质变化的原因，得出正确的结论。一般观察记载的气象资料有：①温度资料，包括日平均气温、月平均气温、活动积温、最高和最低气温等。②光照资料，包括日照时数、晴天日数、辐射等资料。③降水资料，包括降水量及其分布、雨天日数、蒸发量等。④风资料，包括风速、风向、持续时间等。⑤灾害性天气，如旱、涝、风、雹、雪、冰等。气象资料可在试验田内定点观测，也可以利用当地气象部门的观测结果进行分析。

（2）试验地资料的观察记载。试验地一般需观察记载试验地的地形、土壤类型、土层深度、地下水位、排灌条件、前茬作物种类及产量、土壤养分含量（一般为氮、磷、钾）、土壤 pH、土壤有机质、土壤含盐量等。

（3）田间农事操作的记载。任何田间管理和其他农事操作都在不同程度上改变作物生长发育的外界条件，因而也会引起作物的相应变化。所以，应详细记载试验过程中的农事操作，如整地、施肥、播种、灌排水、中耕除草、防治病虫害等，将每一项操作的日期、方法、数量等记录下来，有助于正确分析试验结果。

（4）作物生育动态的观察记载。作物生育动态的观察记载是田间试验观察记载的主要内容。因此在试验过程中，要观察作物的各个物候期（或生育期）、形态特征、生物学特性、生长动态等，有时还要做一些生理、生化方面的测定，以研究不同处理对作物内部物质变化的影响。

（5）主要经济性状的观察记载。有时为了进一步对作物产量的形成进行分析，常需对作物的主要经济性状进行观察记载。其观察记载的主要内容有：①主要形态特征，如大白菜的开展度、叶片数、叶片大小等；黄瓜的果条大小、果肉厚度、果肉质地等。②与熟性及产量形成有关的性状，如甘蓝的结球率、抽薹率、单株重、单球重等；小麦的穗粒数、单位面积穗数、千粒重等。③有关产量，如经济产量、生物学产量等。

田间试验的观察记载必须有专人负责，要注意以下几点：一要有代表性，一般采用随机原则进行抽样。二要有统一标准，以便进行比较。三观察记载要及时且不能间断，以保证资料的完整性。四要严肃认真，避免差错而影响资料的精确性。

2. 田间试验的抽样　　田间调查记载有些是以小区为单位进行观察记载的，如果将整个小区的所有植株都进行调查，时间和人力都是不允许的，必须采用取样的方法进行。调查小区中有代表性的植株，这些植株称为样本，采取样本的地点称为取样点。确定取样点的方法很多，一般用顺序取样法、典型取样法和随机取样法。

（1）顺序取样法。顺序取样法又称机械抽样或系统抽样，是按照某种既定的顺序抽取一定数量的抽样单位组成样本。例如，先将所有总体单位进行编号，每隔一定距离依次抽取。田间常用的对角线式、棋盘式、分行式、平行线式、蛇形式、"Z"字形等（图2-1-1）都属于顺序抽样一类。

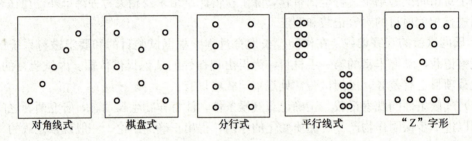

图2-1-1　常用的顺序抽样方式

（2）典型取样法。典型取样法也称代表性取样，按调查研究目的从总体内有意识地选取一定数量有代表性的抽样单位。例如，小麦田间测产时，如果全田块生长起伏较大，可以在目测基础上，选择有代表性的几个地段上取点测产。

（3）随机取样法。随机取样法也称等概率抽样，在抽取样本时，总体内各单位均有同等机会被抽取。简单随机取样法是先将总体内各单位进行编号，然后用抽签法、随机数字法抽取所需数量的抽样单位组成样本。除了简单随机取样法外，随机取样方法还有一系列衍生方法，如分层取样法、整群取样法、多级取样法等。

在田间试验过程中有些性状资料需进行室内测定，如土壤养分、植株养分、植物的某些生理生化性状等都需在室内进行测定。取样测定的要点是：①取样方法要合理，保证样本有代表性。②样本容量适当，保证分析测定结果的精确性。③分析测定方法要标准化，所需仪器要经过标定，药品要符合纯度要求，操作要规范化。田间试验项目的具体测定方法，可参看有关专业书籍进行。

（二）试验产量的测定及室内考种

1. 收获及脱粒　　收获是田间试验数据收集的关键环节，必须严格把关，要及时、细致、准确，尽量避免差错。收获前要先准备好收获、脱粒用的材料和工具，如绳索、标牌、编织袋或网袋、脱粒机、晒场等。

收获试验小区之前，如保护行已成熟，可先行收割。为了减少边际效应与生长竞争，设计时预定要割去小区边行及两端一定长度的，则亦应照计划先行收割。查对无误后，先将以上两项收割物运走。然后在小区中按计划随机采取作为室内考种或其他测定所用植株样本挂上标牌，写明处理重复号，并进行校对，以免运输脱粒时发生差错，此项工作应在计产收获前一天进行。最后收获计产部分，采取单收单放，挂上标牌，严防混杂。

收获完毕后应严格按小区分区脱粒，分别晒干后称重，还应将作为考种、测定等取样的那部分产量加到各有关小区，以求得小区实际产量。若为品种试验，则每一品种脱粒完毕后，必须仔细清扫脱粒机及容器，避免品种间的机械混杂。

为使收获工作顺利进行，避免发生差错，在收获、运输、脱粒、日晒、贮藏等工作中，必须专人负责，建立验收制度，随时检查核对。

有时为使小区产量能相互比较或与类似试验的产量比较，最好能将小区产量折算成标准湿度下的产量。折算公式如下：

$$标准湿度产量 = \frac{小区实际产量 \times (100 - 收获的湿度)}{100 - 标准湿度}$$

2. 考种 考种是将取回的考种样本，进行植物形态的观察、产量结构因子的调查，或收获物重要品质的鉴定的方法。考种的具体项目可因作物种类不同、试验任务不同而做不同选择。例如，玉米可考察穗长、穗粗、穗粒数、千粒重、穗行数、秃尖等指标；黄瓜可考察单株结瓜数、单株产量、单瓜重、瓜长、瓜粗、瓜把长等指标；苹果则可考察果色、单果重、硬度、一级果或二级果比率、坐果率等指标。

考种结果的正确与否，主要取决于两方面：一是要认真仔细测量数据，力求准确；二是要合理取样，提高样本的代表性。

二、试验资料的收集步骤

试验研究的目的就是运用试验结果来指导农业生产和发展农业生产。对试验的观察记载是分析试验结果的主要依据。为了全面解释试验结果，就要在农作物生长发育期间对其进行详细的观察记载和测定。资料收集的基本方法步骤如下：

（一）确定观察记载项目

根据试验结果分析需要，凡是有可能影响到的农作物生长发育表现，同时又在自己能力范围内的观察项目，都应尽可能地进行观察记载。

（二）明确每个项目的观察单元或取样方式

不同观察记载项目的观察单元并不完全是一样的，有些项目是以试验单元为观察单元如产量、生育期等；而有些项目如株高、分蘖数是以小区内的单株为观察单元，这就需要在小区内选点抽样，在选点前首先要明确其取样方式。

（三）编制观察记载表（簿）

明确观察记载项目及其相应项目的观察单元或取样方式后，要编制观察记载表（簿），以便于田间或实验室观察记录。

（四）记录观察结果

对各项目的观察记载一定要及时，一般每间隔三天一定要观察一次，观察时要认真仔细、准确记录，对存疑的观察结果，要科学分析、去伪存真。记录最好用铅笔，以防记载表（簿）受潮后字迹模糊，影响结果分析。

（五）及时整理

每次观察记载回来后，要及时整理记录结果，做好备份，以防记载表（簿）受损遗失前面的数据。建议使用 Excel 工作表进行备份记录,以方便后期进行数据分析。

思与练

1. 解释下列名词:总体、样本、参数、统计数。
2. 调查某地土壤害虫,查 6 个 $1m^2$,每点内金针虫头数为:2、3、1、4、0、5,试指出题中总体、样本、变数、观察值各是什么?
3. 常见的田间试验观察记载项目有哪些?进行田间试验观察记载应注意哪些事项?
4. 简述田间试验收获与计产方法。什么是室内考种,室内考种项目有哪些?
5. 田间试验抽样方法有哪几种?

任务 2-2 整理资料

【知识目标】数量性状资料与质量性状资料特点及区分。
【能力目标】能对各种不同数据资料进行整理。

子任务 2-2-1 整理质量性状资料

◆任务清单:
　　对田间某作物的某一种病害严重度用分级法表示,调查 50 株左右植株的病级,并对调查结果进行分组整理。

◆成果展示:

次数分布表

级别	严重度描述	记录	株数
		合计	

结果描述:_____。

子任务 2-2-2 整理间断性变数资料

◆**任务清单：**

对某小麦品种 60 个麦穗每穗小穗数进行调查，记录结果如下，对调查结果进行分组整理。

20	15	17	19	16	15	20	18	19	17
18	15	17	18	17	17	20	16	16	18
18	19	19	17	19	17	18	16	18	17
17	19	18	18	19	19	20	15	16	19
18	17	18	20	19	17	18	17	17	16
16	17	18	19	18	19	18	17	16	17

◆**成果展示：**

次数分布表

每穗小穗数	画记号	次　数
合　　计		

结果描述：_____。

子任务 2-2-3 整理连续性变数资料

◆**任务清单：**

从果园随机抽取金冠苹果盛果期 100 个枝条，测其生长量（单位：cm）如下，对测量结果进行分组整理。

60	62	64	44	21	50	45	39	36	49
57	21	21	46	25	53	48	36	39	46
24	25	46	46	30	23	50	34	40	42
29	22	49	40	34	28	54	31	42	40
32	32	51	37	37	31	54	28	45	39
35	35	46	35	39	34	51	23	49	36
36	37	51	33	40	36	46	23	51	34
39	39	49	29	41	39	45	29	54	32
40	40	55	25	44	40	42	32	58	29
43	44	49	21	48	42	41	34	55	25

◆ 成果展示：

对资料分_____组，极差 $R=$_____，组距=_____，第一组中值 $x_1=$_____。

次数分布表

组限	组中值	画记号	次数
	合计		

结果分析：_____。

相关资讯

资讯 2-2-1 资料的类别

试验中观察记载所得数据，因所研究的性状不同一般可以分为数量性状资料和质量性状资料两大类。

一、数量性状资料

数量性状资料指能够以测量、称量、度量或计数的方法所获得的资料，这类资料按其特点又可以分为两种。

1. 连续性变数 连续性变数指由称量、度量或测量等方法得到的资料，各个观察值不限于整数，在两个数值之间可以有微小差异的第三个数值存在。例如，测定水稻每穗粒重时，在 2 g 和 3 g 之间，可以有 2.357 g 等数值存在。这种变数称为连续性变数，这类变数大都有单位，具体单位依据测定方法确定，一般如植物高度、产量、千粒重等也属于此类变数。

2. 间断性变数 间断性变数指用计数的方法得到的资料，其特点是各个观察值必须以整数表示，两个相邻的整数间不容许有带小数的数值存在，如株数、籽粒数、叶片数、果树的果枝数等，单位一般是个、株、只等。这类资料在农业科研中经常会遇到，小麦育种中记录的单株分蘖，只能得到整数而不能得到 3.5 或 4.7 个分蘖。

二、质量性状资料

质量性状资料指通过观察、感受等方法对很难测量的生物性状按照一定的方法记录获得的资料,又称属性性状资料,植物属性性状有如花色、叶色、萼片的有无等。要从这类性状获得数量资料,一般可采用两种方法统计。

1. 统计次数的方法   在一定的总体或样本内,统计具有某性状的个体数目及具有不同性状的个体数目,按类别统计其次数或相对次数。例如,在 200 株豌豆中,有 140 株紫花占 70%,60 株白花占 30%,这类资料称为次数资料。

2. 赋予每类性状相当数值的方法   例如小麦籽粒颜色有白有红,可令白色为 0,红色为 1;再如红星苹果果实的色泽,按着色面积的大小分 5、4、3、2、1 级。这类资料可以与间断性变数资料一样处理。

资讯 2-2-2 单项式分组整理

一、数量性状资料的分组

单项式分组法是用样本的自然值进行分组,每个组都用一个观察值来表示。现以某种小麦品种的每穗小穗数为例来说明单项式分组法。随机抽取 100 个麦穗,计数每个麦穗的小穗数,其资料如表 2-2-1 所示。

表 2-2-1 100 个麦穗的每穗小穗数

18	15	17	19	16	15	20	18	19	17
17	18	17	16	18	20	19	17	16	18
17	16	17	19	18	18	17	17	17	18
18	15	16	18	18	18	17	20	19	18
17	19	15	17	17	17	16	18	19	18
18	19	19	17	19	19	18	16	18	17
17	19	16	16	17	17	17	16	17	16
17	19	18	18	19	19	20	15	16	19
18	17	18	20	19	18	18	17	17	16
15	16	18	17	18	16	17	19	19	17

表 2-2-1 资料按其特点属于间断性变数资料,各小穗数均为整数,每穗小穗数的变动范围为 15~20,把所有的观察值按每穗小穗数多少加以归类,共分 6 组。把每一个观察值按其大小归到相应的组内,每增加 1 个画一横道,一般记"正"字表示。用"f"表示每组出现的次数,这样就可得到表 2-2-2 形式的次数分布表。

表 2-2-2 100 个麦穗每穗小穗数的次数分布表

每穗小穗数	画记号	次数（f）
15	正一	6
16	正正正	15
17	正正正正正正T	32
18	正正正正正	25
19	正正正T	17
20	正	5
总次数（n）		100

从表 2-2-2 中看出，一堆杂乱无章的原始数据，经初步整理后，就可以看出其大概规律，如每穗小穗数以 17 个为最多，以 15、20 个为最少。经过整理的资料也有利于进一步分析。

二、质量性状资料的分组

质量性状资料也可用类似次数分布的方法来整理，整理前把资料按各种质量性状分类。分类数等于组数，然后根据各个体在质量性状上的具体表现分别归入相应的组中，即可得到质量性状分布的规律性认识。

例如，红星苹果经处理后的果实着色情况，归纳于表 2-2-3。

表 2-2-3 红星苹果果实着色性状的次数分布表

级别	次数（f）
5	14
4	36
3	97
2	53
1	7
合计	207

注：果实着色面积分五级；5 级为全红；4 级为 2/3 以上果面红色；3 级为 2/3 以下 1/3 以上红色；2 级为 1/3 以下红色；1 级为绿色果。

资讯 2-2-3 组距式分组整理

组距式分组法是每组包含若干个观察值，同一组中观察值有一个变化范围，这个变化范围就是组距。组距式分组法既可用于间断性变数资料的整理，又可用于连续性变数资料的整理，当资料中观察值的个数较多，变异幅度较大时通常用该法，很少像表 2-2-1 资料那样按单项式分组法进行整理。

一、间断性多观察数整理

例如研究某早稻品种的每穗粒数，共观察 200 个稻穗，每穗粒数变异幅度为 27～83 粒，相差 56 粒。这种资料如按单项式分组则组数太多（57 组），其规律性显示不出来；如按组距式分组，每组包含若干个观察值，若以相差 5 粒为组距，则可以使组数相应减少。经初步整理后分为12组，资料的规律性较明显，如表2-2-4。

表2-2-4 200个稻穗粒数的次数分布表

每穗粒数	次数（f）
26～30	1
31～35	3
36～40	10
41～45	21
46～50	32
51～55	41
56～60	38
61～65	25
66～70	16
71～75	8
76～80	3
81～85	2
合计	200

从表2-2-4可以看出，约半数稻穗的每穗粒数为46～60粒，大部分稻穗的每穗粒数为41～70粒，但也有少数稻穗少到26～30粒，多到81～85粒。

二、连续性变数资料的整理

连续性变数资料也可采用组距式分组法进行整理。步骤是先确定组数、组距、组限和组中值，然后按观察值大小进行分组。现以某大豆100行产量资料整理为例（表2-2-5），介绍其整理方法。

表2-2-5 100行大豆产量   单位：g

70	72	135	148	68	147	90	185	95	93
109	64	58	79	40	118	84	175	99	132
154	100	77	34	68	160	108	87	85	95
123	105	107	55	45	73	109	105	101	132
94	94	62	156	61	84	77	123	135	40
107	79	131	72	66	103	104	141	98	100
90	78	44	50	58	106	76	107	92	101
62	152	97	80	54	98	104	118	30	149
115	136	100	81	130	98	74	25	125	142
76	56	73	43	22	82	117	116	118	139

1. 求全距 观察值中最大值与最小值的差数即为全距，要确定组数必须先求出全距，也是整个样本变异幅度，一般用R表示。从表2-2-5看出，最大的观察值为185 g，最小值为22 g，全距为185－22＝163（g）。

2. 确定组数和组距 根据全距分为若干组，每组距离相等，组与组之间的距离称为组距。组数和组距是相互关联相互影响的，组距小，组数多；反之组距大，组数少。在整理资料时，既要保持真实面目，又要使资料简化，认识其中的规律。在确定组数时应注意观察值个数的多少、极差的大小,以及是否便于计算、能否反映出资料的真实面目等方面。考虑一般样本适宜的分组数可参照表2-2-6。组数确定后,再决定组距,组距＝全距/组数。如表2-2-5所示,100行的大豆产量的样本容量为100,假定分为11组,则组距应为163/11＝14.8 g。为方便起见,可用15 g作为组距。

表2-2-6 不同容量的样本适宜的分组数

样本容量	适宜分组数
50	5～10
100	8～16
200	10～20
300	12～24
500	15～30
1 000	20～40

3. 确定组限和组中值 每组应有明确的界限,才能使观察值划入一定的组内,为此必须选定适当的组中值和组限。组中值最好为整数,或与观察值位数相同,便于计算。一般第一组组中值应以接近最小观察值为好,其余的依次而定。这样避免第一组次数过多,不能正确反映资料的规律。组限要明确,一般要求比原始资料的数字多一位小数,这样可使观察值归组时不致含糊不清。上下限为组中值±1/2组距。本例第一组组中值定为20 g,它接近资料中最小的观察值；第二组的组中值为第一组组中值加组距,即20＋15＝35（g）；第三组为35＋15＝50（g）；余类推。每组有两个组限,数值小的为下限,大的为上限。本例中第一组的下限为该组组中值减去1/2组距,即20－15/2＝12.5（g）,上限为该组组中值加1/2组距,即20＋15/2＝27.5（g）,所以第一组的组限为12.5～27.5 g,第二组和以后各组的组限可以以同样的方法算出。

4. 原始资料的归类 按原始资料中各个观察值的次序,把数值逐个归于各组。一般记"正"字表示。待全部观察值归组后,即可求出各组次数,制成次数分布表,如本例将表2-2-5资料整理后制成表2-2-7。

表2-2-7 100行大豆产量的次数分布表

组限	组中值	画记号	次数
12.5～27.5	20	T	2
27.5～42.5	35	正	4
42.5～57.5	50	正T	7
57.5～72.5	65	正正T	12
72.5～87.5	80	正正正T	17
87.5～102.5	95	正正正F	18
102.5～117.5	110	正正正	15
117.5～132.5	125	正正	10
132.5～147.5	140	正T	7
147.5～162.5	155	正一	6
162.5～177.5	170	一	1
177.5～192.5	185	一	1
合计			100

资讯 2-2-4　统计图的制作方法

试验资料除用次数分布表表示外，还可以用次数分布图表示。用图形表示资料的分布情况称为次数分布图，它可以更形象更清楚地表明资料的分布规律。

次数分布图有柱形图、多边形图和条形图等，其中柱形图和多边形图适用于表示连续性变数资料的次数分布；条形图则是表示非连续性变数资料和质量性状变数资料的次数分布。柱形图、多边形图和条形图这三种图形的关键是建立直角坐标系，横坐标用"X"表示，它一般表示组距或组中值；纵坐标用"Y"表示，它一般表示各组的次数，横坐标与纵坐标的比例为 6∶5 或 5∶4，画图时要注明单位。

一、柱形图

柱形图适用于表示连续性变数的次数分布，现以表 2-2-5 中 100 行大豆产量的次数分布为例加以说明。该表有 12 组，在横轴上分 12 个等分，因为第一组的下限不为 0，故第一份应离开原点远一些或画折断号，每一等分代表一组，第一组的上限为第二组的下限，如此依次类推。在纵轴上标次数，查 100 行大豆产量次数分布表最多一组的次数为 19，故纵坐标分为 20 等分，在图上表明 0、5、10、15、20 即可，借以代表次数。根据实际数画出其图形时，横坐标上第一等分的两界限即为第一组的上限和下限，查表 2-2-7 第一组含有次数为 2，所以两界处绘两条纵线，高度等于 2 个单位，再画一横线连接两纵线顶端，即为第一组的柱形图，其余组可依次绘制，即可制成柱形次数分布图，如图 2-2-1 所示。

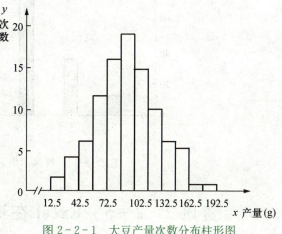

图 2-2-1　大豆产量次数分布柱形图

二、多边形图

多边形图也是表示连续性变数资料的一种普通的方法，是以其组中值为代表，其优点在同一图上可比较两组以上的资料，以表 2-2-5 中 100 行大豆产量为例，说明其具体做法。画出直角坐标横坐标表示组中值，纵坐标表示次数。然后以组中值为代表在横坐标第一等分的中点向上至纵坐标 2 个单位处标记一个点，表示第一组含次数 2 个单位，以后依次类推。把各点依次连接，最后把折线两端各延伸半个组距，与横轴相交，如图 2-2-2 所示。

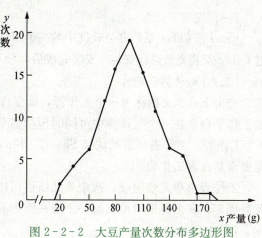

图 2-2-2　大豆产量次数分布多边形图

三、条形图

条形图适用于非连续性变数资料和质量性状变数资料，一般横轴标出非连续性变数资料的中点值或质量性状的分类性状，纵轴标出次数，现以表2-2-3红星苹果果实着色情况为例。在横轴上按等距离分别标定5个等级的着色性状，在纵轴上标定次数（y）。查表2-2-3，第一组为5级，其次数为14次，在此组标定点向上，相当于纵坐标14处画一垂直于横坐标的狭条形，表示第一组的次数。其他类推，即画成红星苹果果实着色的5种情况，如图2-2-3所示。

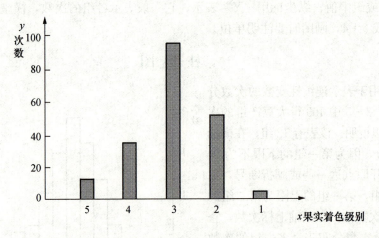

图2-2-3　红星苹果果实着色情况条形图

资讯2-2-5　Excel在资料整理中的使用方法

在利用Excel进行统计分析之前，先简单了解一下Excel工作簿的建立及分析工具库的加载。

一、建立Excel工作簿

（一）安装Excel

Excel是Office系列办公软件中的一个组件，市面上没有单独的Excel安装程序，用户可通过Office安装光盘进行安装。安装完成后，便可使用Excel应用程序，建立Excel文档。

（二）Excel界面简介

一个Excel文档称为一个工作簿，而工作表是一个基于工作簿并用于组织各种相关信息的工作平台。在一个工作簿中可同时包括多个工作表，默认情况下，新建Excel工作簿中有3个工作表。工作表标签默认是Sheet1、Sheet2、Sheet3，但为了便于管理，用户也可根据需要重新命名工作表。

工作表由单元格组成，选中单元格后可以在编辑区中输入单元格的内容，如公式或文字及数据等。在名称框里可以给一个或一组单元格定义一个名称，默认名称形式为"列标＋行标"（图2-2-4）。

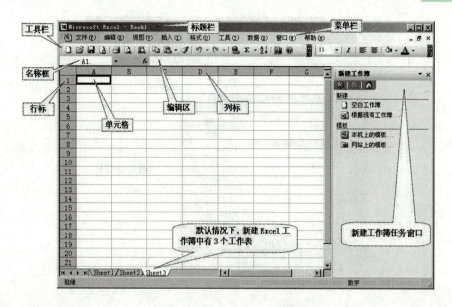

图2-2-4　Excel界面示意图

建立Excel工作簿之后,将待分析整理的相关资料输入到Excel工作表中便可开始进行有关统计分析。

二、数据分析工具

Excel提供了一组数据分析工具,称为分析工具库,在进行复杂统计分析时可节省步骤。只要为每个分析工具提供必要的数据和参数,该工具就会使用适当的统计分析方法,在输出表格中显示相应的结果,某些工具在生成输出表格的同时还可生成图表。

（一）加载"分析工具库"

在默认情况下,Excel是没有加载"分析工具库"的,无法进行复杂的统计分析。因此在启动Excel后,要先检查"工具"菜单中是否有"数据分析"命令。如果没有发现"数据分析"命令,就表示未加载"分析工具库"。可按照下列步骤来加载"分析工具库"：

1. 执行"加载宏"命令　在菜单栏的"工具"菜单中点击"加载宏"命令,弹出"加载宏"对话框。

2. 加载"分析工具库"　在"加载宏"对话框中选中"分析工具库"复选框,单击"确定"按钮,按提示完成加载过程（图2-2-5）。此时再查看"工具"菜单,就可发现"数据分析"命令,表示安装完成。单击"工具"菜单中"数据分析"命令,显示"数据分析"对话框（图2-2-6）,即可进行相关的统计分析。

（二）分析工具库提供的统计分析方法

分析工具库提供的常用统计分析方法（图2-2-6）主要有以下几种：

1. 方差分析　"方差分析"工具提供了三种方差分析工具,分别是单因素方差分析、无重复双因素方差分析和可重复双因素方差分析。

2. 相关分析　"相关系数"分析工具可提供输出表和相关矩阵,并显示应用于每种可能的测量值变量对应的相关系数值。

3. 描述统计　"描述统计"工具用于生成数据源区域中数据的单变量统计分析报表,提

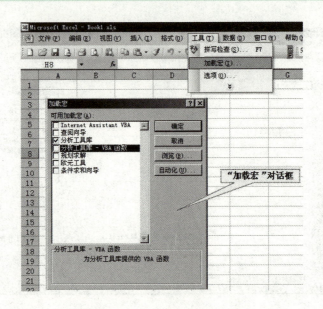

图 2-2-5 加载"分析工具库"

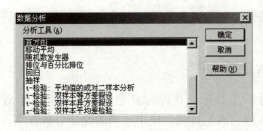 

图 2-2-6 "数据分析"对话框及分析工具列表

供有关数据趋中性和易变性的信息。

4. F-检验 "F-检验双样本方差"工具通过对两个样本方差进行 F-检验，比较两个总体的方差。

5. 编制次数分布表及绘制直方图 "直方图"工具可用于统计资料中某个数值出现的次数，并能绘制次数分布条形图或柱形图。

6. 回归分析 "回归分析"工具可用来分析单个因变量是如何受一个或几个自变量影响的，即可进行多元回归分析。

7. t-检验 "t-检验"有三个分析工具，即双样本等方差假设、双样本异方差假设和平均值成对二样本分析，分别适用不同资料的 t-检验。

8. 其他分析工具 此外还有"z-检验""排位与百分比排位""协方差""傅利叶分析""移动平均""随机数发生器"等分析工具，与本书所介绍的统计分析方法关系不大，在此不再赘述。

三、资料的分组整理

（一）编制次数分布表

1. 单项式分组法 以表 2-2-1 资料为例说明利用 Excel 进行单项式分组的步骤：

（1）在 Excel 工作表中输入原始数据，并将每穗小穗数归类，列出 6 个组的数值于 L4～L9单元格中（图 2－2－7）。

	A	B	C	D	E	F	G	H	I	J	K	L
1	表2-2-1 100个麦穗的每穗小穗数											
2	18	15	17	19	16	15	20	18	19	17		
3	17	18	17	16	18	20	19	17	16	18		每穗小穗数
4	17	16	17	19	18	18	17	17	17	18		15
5	18	15	16	18	18	18	17	20	19	18		16
6	17	19	15	17	17	17	16	17	18	18		17
7	18	19	19	17	19	17	18	16	18	17		18
8	17	19	16	16	17	17	17	16	17	16		19
9	17	19	18	18	19	19	20	15	16	19		20
10	18	17	18	20	19	17	18	17	17	16		合计
11	15	16	18	17	18	16	17	19	19	17		

图 2－2－7　原始数据及各组观察值输入示意图

（2）在 M4 单元格中输入公式"＝COUNTIF($A$2:$J$11,L4)"，计数在（A2:J11）中与 L4 数值相等的单元格个数，然后将该公式粘贴到 M5～M9 单元格中，即可得到各组观察值出现的次数。最后在 M10 单元格中输入求和公式"＝SUM(M4:M9)"，得到合计次数，完成分组整理（图 2－2－8）。

M4　fx　=COUNTIF($A$2:$J$11,L4)

	G	H	I	J	K	L	M
1							
2	20	18	19	17			
3	19	17	16	18		每穗小穗数	次数
4	17	17	17	18		15	6
5	17	20	19	18		16	15
6	16	17	18	18		17	32
7	18	16	18	17		18	25
8	17	16	17	16		19	17
9	20	15	16	19		20	5
10	18	17	17	16		合计	100

图 2－2－8　单项式分组法的公式输入及分组结果图示

2. 组距式分组法　现以表 2－2－5 资料为例说明利用 Excel 进行组距式分组的步骤：

（1）在 Excel 工作表中输入原始数据，并在 D14 输入组数值。利用 Excel 工作表函数及公式求出最大值、最小值、全距、组距，并对组距值进行必要的化简，如表 2－2－8 及图 2－2－9所示。

表 2－2－8　相关数值所在单元格及 Excel 计算公式

公式名称	最大值	最小值	全距	组数	组距
公式所在单元格	A14	B14	C14	D14	E14
公式	＝MAX(A2:J11)	＝MIN(A2:J11)	＝A14－B14	11	＝C14/D14

注：（A2:J11）为原始数据所在区域。

（2）确定第一组组中值 x1＝20，并利用 Excel 公式计算出各组组中值与组限。其方法是：

试验统计方法

	A	B	C	D	E	F	G	H	I	J
1	表2-2-2 100行（行长2m）大豆产量（单位：g）									
2	70	72	135	148	68	147	90	185	95	93
3	109	64	58	79	40	118	84	175	99	132
4	154	100	77	34	68	160	108	87	85	95
5	123	105	107	55	45	73	109	105	101	132
6	94	94	62	156	61	84	77	123	135	40
7	107	79	131	72	66	103	104	141	98	100
8	90	78	44	50	58	106	76	107	92	101
9	62	152	97	80	54	98	104	118	30	149
10	115	136	100	81	130	98	74	25	125	142
11	76	56	73	43	22	82	117	116	118	139
12										
13	最大值	最小值	全距	组数	组距	化简后组距				
14	185	22	163	11	14.8182	15				

图2-2-9 原始数据输入及相关数值计算结果示意图

在 A18 输入公式"=A17＋＄F＄14"，然后将该公式粘贴到 A19～A28 中即可得到其余 11 组的组中值；在 B17 输入公式"=A17－＄F＄14/2"、在 C17 输入公式"=A17＋＄F＄14/2"，同样将这两个公式粘贴到其下方各单元格即可得到相应各组的下限和上限（图2-2-10）。

	A	B	C	D	E	F	G	H
B17		fx	=A17-$F$14/2					
15								
16	组中值	下限	上限		上限	频率		
17	20	12.5	27.5		27.5	2	频数分布表	
18	35	27.5	42.5		42.5	4		
19	50	42.5	57.5		57.5	7		
20	65	57.5	72.5		72.5	12		
21	80	72.5	87.5		87.5	17		
22	95	87.5	102.5		102.5	18		
23	110	102.5	117.5		117.5	15		
24	125	117.5	132.5		132.5	10		
25	140	132.5	147.5		147.5	7		
26	155	147.5	162.5		162.5	6		
27	170	162.5	177.5		177.5	1		
28	185	177.5	192.5		192.5	1		
29					其他	0		
30								

图2-2-10 组中值与组限计算及"直方图"输出的频数分布表图示

（3）在"工具"菜单中单击"数据分析"命令，选定"直方图"（图2-2-6），确定后出现"直方图"对话框（图2-2-11）。在输入区域中输入原始数据（＄A＄2:＄J＄11），在接收区域中输入各组上限值（＄C＄16:＄C＄28），在输出选项中选定输出区域（如＄E＄16）后，单击"确定"，得到频数分布表（图2-2-10）。若在"直方图"对话框中选定"图表输出"复选框，则直方图也同时输出。

（二）绘制次数分布图

利用 Excel 中的"图表向导"可以快速准确地绘制图表。它是一连串的对话框，依照它的提示可逐步建立图表，新建图表需 4 个步骤（其方法在计算机应用基础课中已有详细介绍）。在资讯2-2-4中介绍的次数分布图中，相应地可选择 Excel 图表类型中的"柱形图"做次数分布柱形图与条形图、选择"折线图"做次数分布多边形图。

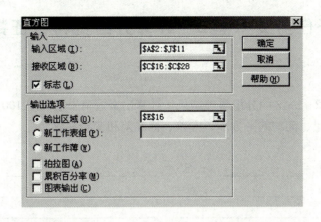

图 2-2-11 "直方图"对话框

思与练

1. 解释下列名词：连续性变数、非连续性变数、数量性状和质量性状。
2. 数量性状资料和质量性状资料各有什么特点？其资料整理的方法各如何？
3. 简述组距式分组的方法步骤。

任务 2-3　计算特征数

【知识目标】掌握平均数、变异数及自由度的概念。
【能力目标】能计算未分组资料和分组资料的特征数。

子任务 2-3-1　计算未分组资料特征数

◆ 任务清单：
　　调查两个玉米农家品种的果穗长度（cm），分别计算它们的平均数、标准差及变异系数，并分析所得结果。
　　白马牙：19　21　20　20　18　19　22　21　21　19
　　金皇后：16　21　24　15　26　18　20　19　22　19

◆ 成果展示：
　　计算结果：
　　　　　　白马牙：$\bar{x}=$ _____；$S=$ _____；$CV=$ _____。
　　　　　　金皇后：$\bar{x}=$ _____；$S=$ _____；$CV=$ _____。
　　结果分析：_____。

子任务 2-3-2　计算分组资料特征数

◆**任务清单**：
　　根据子任务 2-2-3 的分组整理结果，计算出金冠苹果盛果期 100 个枝条生长量的平均数、样本容量、离均差平方和、方差、标准差和变异系数。

◆**成果展示**：
　　计算结果：$\bar{x}=$_____；$SS=$_____；$S^2=$_____；
　　　　　　　$n=$_____；$S=$_____；$CV=$_____。
　　结果分析：_____。

相关资讯

资讯 2-3-1　平　均　数

　　平均数是数量资料的代表值，表示资料中观察值的中心位置，并且可作为资料的代表值与另一组资料相比较，以明确两者之间的差异。因此，平均数在工农业生产和科学研究中应用非常广泛。

一、平均数种类

　　统计上平均数有好多种，其中主要有算术平均数、中数、众数和几何平均数。以算术平均数最常用，中数、众数与几何平均数等几种应用较少。

（一）算术平均数

　　一个数量资料各个观察值的总和除以观察值个数所得的商称为算术平均数，记作 $\bar{x}$。它是我们日常工作和生活中应用最广泛的平均数。

（二）中数

　　将资料中的所有观察值由小到大依次排序，居于中间位置的观察值称为中数，记作 Md。如果观察值的次数为偶数，则以中间两个观察值的算术平均数作为中数。

（三）众数

　　资料中出现次数最多的观察值称为众数，或者是次数最多一组的中点值，记作 Mo，如棉花纤维检验时所用的主体长度即为众数。

（四）几何平均数

　　以 n 个观察值相乘开 n 次方所得的数值为几何平均数，一般用 G 表示。

$$G=\sqrt[n]{x_1 \cdot x_2 \cdot x_3 \cdots x_n} \qquad (2-3-1)$$

二、算术平均数计算方法

　　由于算术平均数取决于资料中所有的观察值，用它作为资料的代表值，其代表性较全面。所以算术平均数是统计上应用最多的平均数,通常简称平均数或均数。算术平均数的计算根据资料是否分组等情况,采用不同的计算方法。

(一) 未分组资料计算方法

资料所含观察值不多,即小样本时,一般采用直接法计算,其公式为:

$$\bar{x} = \frac{x_1 + x_2 + x_3 + \cdots + x_n}{n} = \frac{\sum_{1}^{n} x}{n} = \frac{\sum x}{n} \qquad (2-3-2)$$

式中:x 代表各个观察值,n 代表观察值的个数,$\bar{x}$ 代表平均数,$\sum$ 为求和符号,$\sum_{1}^{n} x$ 表示从 x_1 积加到 x_n。

【例 2-3-1】 在水稻品比试验中,湘早 4 号的 5 个小区产量(kg)分别为 20、19、21、17.5、18.5,计算该品种的小区平均产量。

$$\bar{x} = \frac{\sum x}{n} = \frac{20 + 19 + 21 + 17.5 + 18.5}{5} = 19.2 (\text{kg})$$

(二) 分组资料计算方法

观察值较多的资料采用上述方法计算平均数较麻烦并易出现错误,一般用加权法计算,其公式为:

$$\bar{x} = \frac{f_1 x_1 + f_2 x_2 + f_3 x_3 + \cdots + f_p x_p}{f_1 + f_2 + f_3 + \cdots + f_p} = \frac{\sum_{1}^{p} fx}{\sum f} = \frac{\sum fx}{n} \qquad (2-3-3)$$

式中:x 为各组观察值或组中值,f 为各组次数,p 为组数,n 为总次数。

【例 2-3-2】 用表 2-2-7 的 100 行大豆产量次数分布表求平均数。

$$\bar{x} = \frac{2 \times 20 + 4 \times 35 + \cdots + 1 \times 185}{2 + 4 + \cdots + 1} = \frac{9\,545}{100} = 95.45 \text{ (g)}$$

如果采用直接法计算,$\bar{x} = 95.2$(g),两者结果十分相近。

三、算术平均数的性质

算术平均数有以下两个基本性质:

1. 离均差总和等于零 即各个观察值与平均数的差数总和等于零。

$$\sum (x - \bar{x}) = 0 \qquad (2-3-4)$$

2. 离均差的平方总和最小 即样本中各个观察值与其平均数差数平方的总和,总小于各个观察值与任何一数值的差数平方的总和。

$$\sum (x - \bar{x})^2 = 最小 \qquad (2-3-5)$$

资讯 2-3-2 变 异 数

平均数作为数量资料的代表值,只是说明了观察值分布的集中趋势,其代表性如何,取决于观察值的变异程度。表示变异程度的变异数较多,但常用的有极差、方差、标准差和变异系数等。

一、极　　差

极差是资料中最大观察值与最小观察值的差数，也称全距，用 R 表示。例如，调查两个水稻品种的单株分蘖数，资料整理如表 2-3-1。

表 2-3-1　两个水稻品种单株分蘖数

品　种	单　株　分　蘖　数									总　和	平均
黄壳早	3	3	3	4	4	4	4	5	5	5	40	4
老来青	2	2	3	3	4	4	4	5	6	7	40	4

表 2-3-1 中，黄壳早单株分蘖数最少 3 个，最多 5 个，$R=5-3=2$ 个分蘖；老来青最少 2 个，最多 7 个，$R=7-2=5$ 个。由此说明，两个品种的单株分蘖数的平均值都是 4 个，但老来青品种的极差大，其变异范围大，平均数的代表性差；黄壳早品种的极差小，变异幅度小，其平均数的代表性好。

极差虽然对资料的变异有所说明，但它只是由两个极端观察值决定，没有充分利用资料的全部信息，而易受到资料中不正常的极端值影响。因此，用极差值代表整个样本的变异度是有缺陷的，但在 $n \leqslant 10$ 时，极差是经常采用，因为它简单明了。

二、方　　差

为了正确反映资料的变异度，比较合理的方法是根据样本全部观察值来度量资料的变异度，这样就要求选定一个数值作为共同的比较标准。平均数是样本的代表值，用它作为比较的标准较为合理。含有 n 个观察值的样本，其各个观察值为 x_1、x_2、x_3、$\cdots$、x_n，每个值与 $\bar{x}$ 相减，即可得到离均差。

如果把各个离均差相加，其总和等于零，不能反映变异度的大小。若将各个离均差平方后相加得离均差的平方和，简称平方和，用 SS 表示，定义如下：

$$样本 SS = \sum (x - \bar{x})^2 \qquad (2-3-6)$$

$$总体 SS = \sum (x - \mu)^2 \qquad (2-3-7)$$

式中：x 为观察值，$\bar{x}$ 为样本平均数，μ 为总体平均数。如果 SS 大，变异度大。因此，可以度量资料的变异度。但是也有缺点，在比较两组资料时，如果观察值的个数越多，平方和越大，反之则小。这样两组相比，观察值的个数将影响变异度的大小。所以平方和除以观察值的个数，就不受观察值个数的影响而成为平均平方和，简称均方或方差。样本均方用 S^2 表示，总体方差用 σ^2 表示，其定义为：

$$S^2 = \frac{\sum (x_i - \bar{x})^2}{n-1} \qquad (2-3-8)$$

$$\sigma^2 = \frac{\sum (x_i - \mu)^2}{N} \qquad (2-3-9)$$

式中：$n-1$ 为自由度，N 为有限总体所含的个数，均方和方差两个名词，习惯上样本

的 S^2 称为均方，总体的 σ^2 称为方差。

三、标 准 差

标准差表示资料的变异度，是方差的正平方根值，其单位与观察值单位相同。

由样本资料计算标准差的公式为：

$$S = \sqrt{\frac{\sum (x_i - \bar{x})^2}{n-1}} \qquad (2-3-10)$$

由总体资料计算标准差的公式为：

$$\sigma = \sqrt{\frac{\sum (x_i - \mu)^2}{N}} \qquad (2-3-11)$$

（一）自由度的意义

自由度的统计意义是指样本内独立而能自由变动的观察值个数。在公式 2-3-10 和 2-3-11 中，样本标准差不以样本容量 n 而以 $n-1$ 作为除数，这是因为，我们所研究的是总体，但总体 μ 一般不知道，用样本平均数 $\bar{x}$ 去估计总体 μ。但是 $\mu \neq \bar{x}$，已经证明 $\sum (x - \bar{x})^2 =$ 最小，即 $\sum (x - \bar{x})^2 < \sum (x - \mu)^2$，如果用样本的标准差估计总体标准差，则数值偏低。若以 $n-1$ 去除，则数值变大，纠正了偏差。从自由度的定义看，对于一个有 n 个观察值的样本，在每一个 x 与 $\bar{x}$ 比较时，受 $\sum (x - \bar{x}) = 0$ 的限制，其样本观察值只能有 $n-1$ 个是自由的。例如，有 5 个观察值，样本平均数 $\bar{x}$ 为 5，假定 4 个数值为 6、4、3、7，那么第五个值只能是 5；假如 4 个值为 8、4、6、5，则第五个值只能是 2，这样才符合离均差总和等于零的特性。因此，样本的自由度等于观察值个数减去 $(x-\mu)^2$ 约束条件的个数，如果约束条件有 1 个，其自由度为 $n-1$，如果有 k 个约束条件，则自由度为 $n-k$。

自由度用 DF 表示，具体的数值用 v 表示。在应用时，小样本一定要用自由度来估算标准差；如果是大样本，因 n 和 $n-1$ 相差微小，可以不用自由度，而直接用 n 作除数。但大小样本的界限不统一，因此一般样本的资料在估算标准差时都用自由度。

（二）标准差的计算

标准差的计算方法可分为小样本未分组资料的计算方法和大样本分组资料的计算方法。

1. 小样本未分组资料计算标准差的方法　一般可直接用公式 2-3-10 计算，也可转化得：

$$S = \sqrt{\frac{\sum x^2 - \frac{(\sum x)^2}{n}}{n-1}} \qquad (2-3-12)$$

式中：$\frac{(\sum x)^2}{n}$ 为矫正数，记作 C，故也称矫正数法。这样在利用计算器计算时比较方便。

【例 2-3-3】测定 10 株泰山 1 号小麦的株高，结果于表 2-3-2，试计算其标准差。

表 2－3－2 10 株泰山 1 号小麦株高标准差计算表

序号	株高 x（cm）	$(x-\bar{x})$	$(x-\bar{x})^2$	x^2
1	113	0	0	12 769
2	121	8	64	14 641
3	113	0	0	12 769
4	114	1	1	12 996
5	113	0	0	12 769
6	114	1	1	12 996
7	115	2	4	13 225
8	106	－7	49	11 236
9	111	－2	4	12 321
10	110	－3	9	12 100
合计	1 130	0	132	127 822

将表 2－3－2 的数值代入公式 2－3－10，得：

$$S=\sqrt{\frac{\sum(x_i-\bar{x})^2}{n-1}}=\sqrt{\frac{132}{10-1}}=3.829\,7\,(\text{cm})$$

如果利用 2－3－12 式，则：

$$S=\sqrt{\frac{\sum x^2-\frac{(\sum x)^2}{n}}{n-1}}=\sqrt{\frac{127\,822-\frac{1\,276\,900}{10}}{10-1}}=3.829\,7\,(\text{cm})$$

两种方法计算结果相同。

2. 大样本分组资料计算标准差方法 凡大样本已分组的资料可用加权法计算标准差，即：

$$S=\sqrt{\frac{\sum f(x_i-\bar{x})^2}{n-1}} \quad (2-3-13)$$

式中：S 是从大样本计算的标准差，x 是次数分布表中每组的组中值，$\bar{x}$ 是样本平均数，f 是每组的次数，n 为总次数。

计算时一般转化为矫正数法计算，其公式为：

$$S=\sqrt{\frac{\sum fx^2-\frac{(\sum fx)^2}{n}}{n-1}} \quad (2-3-14)$$

【例 2－3－4】以 100 行大豆产量的次数分布（表 2－2－7）为例，计算其样本标准差。

计算得：$n=100$，$\sum fx^2=1\,027\,375$，$\sum fx=9\,545$，代入公式 2－3－14 得：

$$S=\sqrt{\frac{1\,027\,375-\frac{9\,545}{100}}{100-1}}=34.275\,3\,(\text{g})$$

四、变异系数

标准差应用较广泛,但是它是有单位的,如果比较两个样本的变异度,则因研究的性状不同、单位不同,不能用标准差进行直接比较。例如,比较小麦穗长的分布和小麦穗重的分布,它们之间的变异程度是不能用标准差比较的,因为穗长单位以 cm 表示,而穗重是以 g 表示的。所以在比较这些不同性状的变异程度时,需要有一个相对变异数,最普遍采用的是变异系数。其公式为:

$$CV(\%) = \frac{S}{\bar{x}} \times 100 \quad\quad\quad (2-3-15)$$

式中:CV 为变异系数,用%表示;S 是标准差;$\bar{x}$ 是平均数。

由于变异系数是一个不带单位的纯数,故可用以比较两个事物的变异度大小。

【例 2-3-5】某大豆品种有关产量因素各性状的平均数与标准差列于表 2-3-3,试进行分析。

此例中,只从标准差看每株节数和百粒籽重的变异相等,但进一步看两者平均数相差很大,单位也不同,不能进行比较。变绝对变异为相对变异后,成为不带单位纯数,则可看出,每株节数的变异度比百粒籽重小。

表 2-3-3 某大豆品种产量因素各性状的变异系数

产量因素	单位	平均数 ($\bar{x}$)	标准差 (S)	变异系数 (CV)%
植株高度	cm	51.6	10.8	20.9
每株节数	节	22.5	1.2	5.3
每节荚数	荚	2.69	0.31	11.5
每荚粒数	粒	2.36	0.14	5.9
百粒籽重	g	15.4	1.2	7.8
不发育籽粒百分数	%	14.9	6.1	40.9

资讯 2-3-3 Excel 在资料基本特征数计算中的使用方法

一、未分组资料特征数的计算

对于未分组资料,可直接利用相应的 Excel 工作表函数及公式计算出样本平均数、标准差、方差、变异系数、离均差平方和等特征数。

利用 Excel 计算 10 株泰山 1 号小麦株高资料(表 2-3-2)中的上述特征数。首先输入 10 株泰山 1 号小麦株高资料,然后在相应单元格输入各特征数的工作表函数及公式(表 2-3-4),得到计算结果(图 2-3-1)。

表 2-3-4 未分组资料相应特征数的 Excel 工作表函数及计算公式

特征数	公式所在单元格	公式
平均数	E3	=AVERAGE(B3:B12)
标准差	E5	=STDEV(B3:B12)

（续）

特征数	公式所在单元格	公式
方差	E7	＝VAR（B3:B12）
变异系数	E9	＝STDEV（B3:B12）/AVERAGE（B3:B12）
离均差平方和	E11	＝DEVSQ（B3:B12）

注：（B3:B12）为原始数据所在区域。

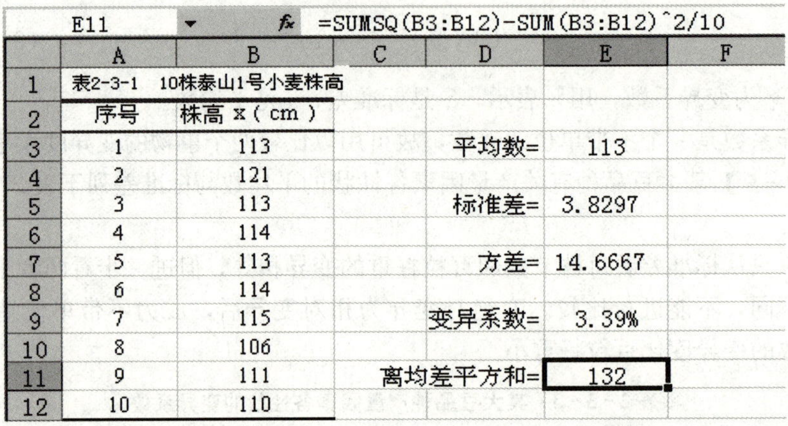

E11 ▼ fx =SUMSQ(B3:B12)-SUM(B3:B12)^2/10

	A	B	C	D	E	F
1	表2-3-1 10株泰山1号小麦株高					
2	序号	株高 x (cm)				
3	1	113		平均数=	113	
4	2	121				
5	3	113		标准差=	3.8297	
6	4	114				
7	5	113		方差=	14.6667	
8	6	114				
9	7	115		变异系数=	3.39%	
10	8	106				
11	9	111		离均差平方和=	132	
12	10	110				

图 2-3-1　泰山 1 号株高资料的数据输入及特征数计算结果图示

二、分组资料特征数的计算

分组资料无直接可利用的 Excel 工作表函数，需要自己编辑公式才能计算出特征数。利用 Excel 计算 100 行大豆产量的次数分布资料（表 2-2-7）的上述特征数。在 Excel 工作表中输入 100 行大豆产量次数分布资料中各组的组中值（x）和次数（f），并分别在 C3、D3 单元格中输入 fx 的 Excel 公式“＝A3＊B3”和 fx^2 的 Excel 公式“＝A3＊C3”，然后分别将该公式粘贴到 C4～C14 和 D4～D14 中，再在 B15、C15、D15 中分别输入 Excel 工作表函数“＝SUM（B3:B14）”“＝SUM（C3:C14）”和“＝SUM（D3:D14）”，得到 $n(\sum f)$、$\sum fx$ 和 $\sum fx^2$。最后在相应单元格输入相关特征数的公式（表 2-3-5），即得计算结果（图 2-3-2）。

表 2-3-5　分组资料相应特征数的 Excel 计算公式

特征数	所在单元格	公　式
平均数	G3	＝C15/B15
标准差	G5	＝SQRT(G7) 或＝SQRT((D15－C15^2/B15)/(B15－1))
方差	G7	＝G11/(B15－1) 或＝(D15－C15^2/B15)/(B15－1)
变异系数	G9	＝G5/G3
离均差平方和	G11	＝D15－C15^2/B15

注：B15、C15 和 D15 分别为 $n(\sum f)$、$\sum fx$ 和 $\sum fx^2$。

	A	B	C	D	E	F	G
1	表2-2-7 100行大豆产量的次数分布表						
2	组中值(x)	次数(f)	fx	fx²			
3	20	2	40	800		平均数=	95.45
4	35	4	140	4900			
5	50	7	350	17500		标准差=	34.2753
6	65	12	780	50700			
7	80	17	1360	108800		方差=	1174.7955
8	95	18	1710	162450			
9	110	15	1650	181500		变异系数=	35.91%
10	125	10	1250	156250			
11	140	7	980	137200		离均差平方和=	116304.75
12	155	6	930	144150			
13	170	1	170	28900			
14	185	1	185	34225			
15	合计	100	9545	1027375			

G11 f_x =D15-C15^2/B15

图2-3-2 100行大豆产量的次数分布资料的数据输入及特征数计算结果图示

思与练

1. 算术平均数有哪些基本性质？
2. 何谓标准差？为什么计算样本标准差时除以自由度而不除以样本容量？
3. 何谓变异系数？变异系数在比较不同类型资料的变异程度上有什么优点？
4. 简述利用Excel如何计算资料基本特征数？

| 项目 3 | 分析试验结果 |

- **知识目标：** 明确农业试验结果分析的特殊性，掌握不同试验资料的分析要点。
- **能力目标：** 能明确不同试验资料所当采用的相应统计分析方法，能对资料进行正确分析并做出合理的结论。
- **素质目标：** 具有实事求是、一丝不苟的科学精神及精准的判断力，善于透过纷繁的数据资料中看到现象的本质；善于与人沟通合作，勇于承担责任，不弄虚作假。

任务 3-1　分析单个样本平均数资料

【知识目标】掌握概率、理论分布、统计推断等有关的基本知识。
【能力目标】能分析单个样本的数据资料。

子任务 3-1-1　分析单个样本资料

◆ **任务清单：**

某玉米品种在不施氮肥的情况下，一般产量是 250 kg（小区面积 667 m^2），现调查该品种在施同样氮肥量情况下，10 个小区的产量数据为：270、300、285、268、275、298、310、295、304、278。试检验施氮肥在产量上是否和未施氮肥差异显著？并以 95% 的可靠度估计施氮肥情况下，该品种的 667 m^2 产量范围？

◆ **成果展示**

【资料解读】

观察项目：_____；观察单元：_____。
试验因素：_____；处理名称：_____。
总体：_____ 个，即_____
样本：_____ 个，即_____

【统计分析】

子任务 3-1-2　归纳总结单个样本资料分析的计算方法

◆ **任务清单：**

根据子任务 3-1-1 的分析过程，结合自己拥有的计算工具（计算器或电脑软件），归纳整理出单个样本资料分析的计算方法步骤。

◆ **成果展示：**

单个样本资料分析的计算方法：

资讯 3-1-1　统计推断原理

一、概率、正态分布与抽样分布

（一）概率

1. 概率的概念　在自然界中事物出现某种现象或试验中获得某种结果称为某一事件。在一定条件下可能发生，也可能不发生的现象称为随机事件或偶然事件，事件之间往往存在着一定的联系。事件出现的可能性用概率表示，某一事件的概率是需要通过大量的实验才能观察得到。

【例 3-1-1】考察一批小麦种子的发芽情况时，分别抽取 5 粒、10 粒、50 粒、100 粒、300 粒、600 粒、1 000 粒种子，在相同的条件下做发芽试验，得到表 3-1-1 的统计结果。

表 3-1-1　小麦种子发芽情况调查表

种子总粒数（n）	5	10	50	100	300	600	1 000
种子发芽数（a）	5	8	44	91	272	547	909
种子发芽频率（a/n）	1.000	0.800	0.880	0.910	0.907	0.912	0.909

由表 3-1-1 可见，尽管在每次调查中，种子发芽情况是随机变动的，但随着调查种子总数（n）的增大，种子发芽频率（a/n）却愈来愈稳定地接近于一个定值 0.91。因此，在调查种子总数较多时的稳定频率才能较好的代表种子发芽的可能性。然而，正如此试验中出现的情况，尽管在 n 较大时的频率比较稳定，但仍有微小的数值波动，说明观察的频率只是对种子发芽这个事件的概率的估计。在统计学上，通过大量实验而估计的概率称为实验概率或统计概率，其定义为：在相同条件下重复进行同一试验，随机事件 A 发生的频率 a/n，随着试验总次数 n 的逐渐增大，愈来愈稳定地接近一个定值 P，定值 P 就是事件 A 的概率。记为：

$$P_{(A)} = p \approx \left(\frac{a}{n}\right) \qquad (3-1-1)$$

由于事件 A 出现的机会数 a 不可能大于试验的总次数 n，也不可能小于 0，即 $0 \leqslant a \leqslant n$。

所以，任何事件的概率在 0 与 1 之间，即 $0 \leqslant P_{(A)} \leqslant 1$。必然事件的概率为 1，不可能事件的概率为 0，随机事件的概率介于 0 与 1 之间。

2. 小概率事件实际不可能性原理

若某一事件发生的概率很小，则称这一事件为小概率事件。实践表明，小概率事件在一次试验中出现的可能性是极小的，以至于实际上认为是不可能事件。这种把小概率事件在一次试验中看作是实际不可能出现的事件，被称为小概率事件实际不可能性原理，该原理是进行统计假设测验的基本原理。

小概率在不同的实际问题中有不同的标准，在农业生产及科学研究中，一般采用 0.05 和 0.01 这两个标准。

（二）正态分布

1. 正态分布的概念 正态分布又称常态分布或高斯分布，是连续性变数的一种理论分布，其方程为：

$$f_N(x) = \frac{1}{\sigma\sqrt{2\pi}} e^{-\frac{1}{2}\left(\frac{x-\mu}{\sigma}\right)^2}$$

式中：x——为所研究的变数；

$f_N(x)$——为某一定值 x 出现的函数值，称为概率密度函数，相当于曲线 x 值纵轴高度；

π——常数，其值等于 3.14159…；

e——常数，其值等于 2.71828…；

μ——总体平均数，不同总体中可以有不同的 μ，但在某一定总体中 μ 是一常数；

σ——总体标准差，不同总体中可以有不同的 σ，但在某一定总体中 σ 是一常数，且 $\sigma > 0$。

它因总体平均数 μ 和总体标准差 σ 不同而表现为一系列曲线，如图 3-1-1、图 3-1-2 所示。正态分布在研究理论和实践问题上都具有非常重要的意义。首先，客观世界中确有许多事物的连续性变数是服从正态分布规律的。例如，一般作物的产量和许多经济性状的观察数据均表现出服从正态分布。其次，在适当条件下，正态分布可用作二项分布及其他间断性变数或连续性变数分布的近似分布。因而，可用正态分布代替其他分布以方便地计算概率和进行统计假设测验。最后，虽然有些总体并不呈正态分布，但从总体中随机抽取的样本平均数及其他一些统计数的分布，在样本容量足够大时，仍然趋近于正态分布。因而，也可用正态分布来研究这些统计数的抽样分布。

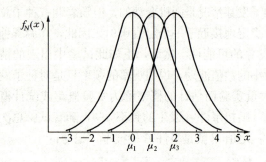

图 3-1-1 标准差相同（$\sigma=1$）而平均数不同（$\mu_1=0$、$\mu_2=1$、$\mu_3=2$）的三个正态分布曲线

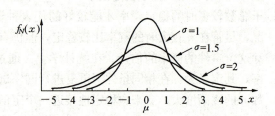

图 3-1-2 平均数相同（$\mu=0$）而标准差不同的三个正态分布曲线

2. 正态分布的标准化

由于正态分布是一系列曲线，这对研究各具体的正态总体极不方便。为了克服这种麻烦，可将任意的正态分布转换成标准正态分布来研究，即正态分布的标准化。正态分布的标准化是把正态曲线原点 0 移到 μ 的位置，将 x 值离其平均数的差数 $x-\mu$ 以标准差 σ 为单位进行度量，转换为 u 变数，即：

$$u=\frac{x-\mu}{\sigma} \quad (3-1-2)$$

u 称为正态标准离差，由此可将正态分布的概率密度函数公式标准化为：

$$f_N(u)=\frac{1}{\sqrt{2\pi}}e^{\frac{1}{2}u^2} \quad (3-1-3)$$

式 3-1-3 称为标准化正态分布方程或称 u 分布方程。通过正态分布标准化后的这种具有 $\mu=0$ 和 $\sigma=1$ 的正态分布称为标准正态分布，记作 $N(0,1)$。标准正态分布只有一条曲线，如图 3-1-3 所示。通过正态分布的标准化后，计算正态曲线的概率就方便多了。

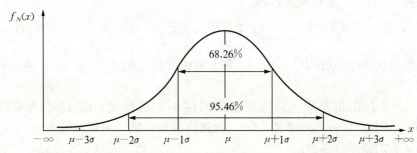

图 3-1-3　正态分布曲线图（平均数为 $\mu=0$，标准差为 $\sigma=1$）

（三）抽样分布

在统计学中，最主要的问题就是研究总体与从总体中抽出的样本两者间的相互关系。总体与样本的关系可以从两个方向来研究，一个方向是从总体到样本，主要研究从总体中抽出的随机样本统计数的概率分布及其与原总体的关系，即抽样分布问题。另一个方向是从样本到总体，主要研究从一个样本或一系列样本所得的统计数去推断其总体的参数，即统计推断问题，而抽样分布是统计推断的基础。

抽样分为复置抽样和不复置抽样，前者指在每次抽样时将抽得的个体放回总体后再抽样的方法，后者指在每次抽样时抽得的个体不再放回总体而再抽样的方法。讨论抽样分布时考虑的是复置抽样方法。

1. 样本平均数的抽样分布

假定有一总体，其总体平均数为 μ，总体标准差为 σ。从这一总体中以相同的样本容量 n 无数次抽样，可得到无数个样本，分别计算出各样本的平均数 $\bar{x}_1$、$\bar{x}_2$、$\bar{x}_3$、…。由于存在抽样误差，样本平均数是随机变数，各样本平均数将表现出不同程度的差异，无数个样本平均数又构成一个总体，称为样本平均数总体，样本平均数的分布称为样本平均数的抽样分布。

根据统计理论和实例证明，样本平均数的分布具有以下特性：

（1）样本平均数的总体平均数与原总体平均数相等。即：

$$\mu_{\bar{x}}=\mu \quad (3-1-4)$$

（2）样本平均数的总体方差等于原总体方差除以样本容量。即：

$$\sigma_{\bar{x}}^2 = \frac{\sigma^2}{n} \tag{3-1-5}$$

同理，样本平均数的总体标准差等于原总体标准差除以样本容量的平方根。即：

$$\sigma_{\bar{x}} = \frac{\sigma}{\sqrt{n}} \tag{3-1-6}$$

（3）若从正态分布总体中随机抽取样本，无论样本容量大小，其样本平均数的分布服从正态分布，即 $N(\mu_{\bar{x}}, \sigma_{\bar{x}}^2)$。若从非正态分布总体中随机抽取样本，只要样本容量较大（$n \geqslant 30$），其样本平均数也服从正态分布，这称为中心极限定理。

（4）由于总体标准差一般是不易求得的，而以样本标准差估计总体标准差进行计算。即有：

$$S_{\bar{x}} = \frac{S}{\sqrt{n}} \tag{3-1-7}$$

式中：$S_{\bar{x}}$ 称为样本平均数的样本标准差，一般简称为平均数的标准误。

知道了平均数的抽样分布及其参数，那么要计算任何一个从样本所得的平均数 $\bar{x}$ 出现的概率，只需将 $\bar{x}$ 先进行标准化转换，即：

$$u = \frac{\bar{x} - \mu_{\bar{x}}}{\sigma_{\bar{x}}} = \frac{\bar{x} - \mu}{\sigma/\sqrt{n}} \tag{3-1-8}$$

若平均数服从正态分布 $N(\mu_{\bar{x}}, \sigma_{\bar{x}}^2)$，那么随机变数 u 服从 $N(0,1)$，通过查附表 2 即可得到概率。

【例 3-1-2】 在北方某一地区调查果园桃小冬茧情况，以 1 m² 为单位，调查了 2 000 m²，得 $\mu = 4.5$（头），$\sigma = 2.4$（头）。现随机抽取该地区一块果园 36 m²，问平均每平方米少于 4.2 头的概率是多少？

尽管总体分布不明确，但 $n \geqslant 30$，便可视其服从正态分布，则：

$$u = \frac{\bar{x} - \mu_{\bar{x}}}{\sigma_{\bar{x}}} = \frac{\bar{x} - \mu}{\sigma/\sqrt{n}} = \frac{4.2 - 4.5}{2.4/\sqrt{36}} = -0.75$$

查附表 2，得 $F_N(-0.75) = 0.2266$，即 $P_{\bar{x} \leqslant 4.2} = 0.2266$。也就是说，随机抽取该地区一块果园 36 m²，平均每平方米少于 4.2 头的概率是 0.2266（即 22.66%）。

2. 样本平均数差数分布

假定有两个总体，各具有平均数和标准差 μ_1、σ_1 和 μ_2、σ_2。现在以样本容量 n_1 从第一个总体中抽得一系列样本，并计算出各样本平均数，记为 $\bar{x}_{11}$、$\bar{x}_{12}$、$\bar{x}_{23}$、…；再以样本容量 n_2 从第二个总体抽得一系列样本，并计算出各样本平均数，$\bar{x}_{21}$、$\bar{x}_{22}$、$\bar{x}_{23}$、…。其中，n_1 与 n_2 可以相等，也可以不等。再将来自于第一个总体的样本平均数和来自于第二个总体的样本平均数相减，可得到许多样本平均数差数，即 $\bar{x}_1 - \bar{x}_2$。由于存在抽样误差，样本平均数差数也是随机变数，各样本平均数差数也将表现出不同程度的差异，无数个样本平均数差数又构成一个总体，称为样本平均数差数总体，样本平均数差数的分布称为样本平均数差数的抽样分布。

根据统计理论和实例证明，样本平均数差数的分布具有以下特性：

（1）样本平均数差数的总体平均数等于两总体平均数之差。即：

$$\mu_{\bar{x}_1 - \bar{x}_2} = \mu_1 - \mu_2 \tag{3-1-9}$$

（2）样本平均数差数的总体方差等于两总体的样本平均数的总体方差之和。即：

$$\sigma_{(\bar{x}_1 - \bar{x}_2)}^2 = \sigma_{\bar{x}_1}^2 + \sigma_{\bar{x}_2}^2 = \frac{\sigma_1^2}{n_1} + \frac{\sigma_2^2}{n_2} \tag{3-1-10}$$

同理，样本平均数差数的总体标准差等于两总体的样本平均数的总体方差之和的平方根。即：

$$\sigma_{(\bar{x}_1-\bar{x}_2)}=\sqrt{\frac{\sigma_1^2}{n_1}+\frac{\sigma_2^2}{n_2}} \quad (3-1-11)$$

（3）若两个总体各呈正态分布，则其样本平均数的差数分布也呈正态分布，记作 $N(\mu_{(\bar{x}_1-\bar{x}_2)}, \sigma_{(\bar{x}_1-\bar{x}_2)}^2)$。

（4）由于总体方差是难以求得的，用样本方差来估计总体方差进行计算，则有：

$$S_{(\bar{x}_1-\bar{x}_2)}=\sqrt{\frac{S_1^2}{n_1}+\frac{S_2^2}{n_2}} \quad (3-1-12)$$

式中：$S_{(\bar{x}_1-\bar{x}_2)}$ 称为样本平均数差数的样本标准差，一般简称为平均数差数的标准误。

如果平均数差数服从正态分布，那么若要计算任何一个平均数差数出现的概率，可通过标准化转换，即：

$$u=\frac{(\bar{x}_1-\bar{x}_2)-\mu_{(\bar{x}_1-\bar{x}_2)}}{\sigma_{(\bar{x}_1-\bar{x}_2)}}=\frac{(\bar{x}_1-\bar{x}_2)-(\mu_1-\mu_2)}{\sqrt{\frac{\sigma_1^2}{n_1}+\frac{\sigma_2^2}{n_2}}} \quad (3-1-13)$$

得到 u 值后，查附表2就可求出概率。

二、统计推断原理

（一）统计推断的基本概念

由一个样本或一系列样本所得的结果（统计数）去推断总体的特征，称为统计推断。统计推断包括参数估计和假设测验两个方面。参数估计是由样本的结果对总体参数做出点估计和区间估计。点估计是以统计数估计相应的参数，如以 $\bar{x}$ 估计 μ；区间估计是以一定的概率做保证估计总体参数位于某两个数值之间。但是试验工作更关心的是有关估计值的利用，即利用估计值去做统计假设测验。此法首先是根据试验目的对试验总体提出两种彼此对立的假设，然后由样本的实际结果，经过一定的计算，做出在概率意义上应接受哪种假设的推断。由于此种测验法首先对总体提出假设，所以称为统计假设测验。

（二）统计推断的基本方法

1. 提出假设 统计假设测验首先要对研究总体提出假设。假设一般有两种，一种是无效假设，记作 H_0；另一种是备择假设，记作 H_A。无效假设是设处理效应为零，试验结果所得的差异乃误差所致。备择假设是和无效假设相反的一种假设，即认为试验结果所得的差异是由于真实处理效应所引起的。

（1）单个平均数的假设。假设一个样本平均数 $\bar{x}$ 是从一个已知总体（总体平均数为 μ_0）中随机抽出的，记作 $H_0: \mu=\mu_0$，对应的 $H_A: \mu\neq\mu_0$。

例如，有一个小麦品种产量总体是正态分布的，总体平均产量小区面积每 667 m² 为 $\mu_0=360$ kg，标准差 σ 为 40 kg。经多年种植后出现退化，必须对其进行改良。改良后的品种种植 16 个小区，得其平均产量 $\bar{x}$ 为 380 kg。试问这个改良品种在产量性状上是否和原品种相同。

此乃单个平均数的假设测验，是要测验改良品种的总体平均产量 μ 是否还是小区面积每 667 m² 为 360 kg。记为 H_0：$\mu=\mu_0=360$ kg，H_A：$\mu \neq \mu_0$。

（2）两个平均数相比较的假设。假设两个样本平均数 $\bar{x}_1$ 和 $\bar{x}_2$ 是从两个具有平均数相等的总体中随机抽出的，记为 H_0：$\mu_1=\mu_2$，H_A：$\mu_1 \neq \mu_2$。

例如，要测验两个小麦品种的总体平均产量是否相等，两种农药的杀虫效果是否一样等。这些无效假设认为它们是相同的，两个样本的平均数差异 $\bar{x}_1 - \bar{x}_2$ 是由于随机误差引起的；备择假设则认为两个总体平均数不相同，$\bar{x}_1 - \bar{x}_2$ 除随机误差外，还包含有真实差异。

此外，百分数、变异数和多个平均数的假设测验，也应根据试验目的提出无效假设和备择假设，这里不再一一列举。

2. 规定显著水平　显著水平是接受或否定 H_0 的概率标准，记作 α，它是人为规定的小概率的数量界限。在农业试验研究中一般取 $\alpha=0.05$（显著水平）和 $\alpha=0.01$（极显著水平）两个标准。

3. 计算概率　在无效假设正确的前提下，计算差异属于误差造成的概率。在上述例中，H_0：$\mu=\mu_0$ 的假设下，就有了一个具有总体平均数 $\mu=\mu_0=360$ kg、标准误 $\sigma_{\bar{x}} = \dfrac{\sigma}{\sqrt{n}} = \dfrac{40}{\sqrt{16}} = 10$ kg 的正态分布总体，而样本平均数 $\bar{x}=380$ kg 则是此分布总体中的一个随机变量。据此，就可以根据正态分布求概率的方法算出在平均数 $\mu_0=360$ kg 的总体中，抽到一个样本平均数 $\bar{x}$ 和 μ_0 相差 $\geqslant 20$ kg 的概率：

$$u = \frac{\bar{x} - \mu_0}{\sigma_{\bar{x}}} = \frac{380 - 360}{10} = 2$$

查附表 2，得 $P(|u|>2) = P(|\bar{x}-\mu_0|>20) = 2 \times 0.0228 = 0.0456$。

4. 统计推断　据小概率原理做出接受或否定 H_0 的结论。假设测验中若计算的概率小于 0.05 或 0.01，就可以认为是概率很小的事件，在正常情况下一次试验实际上不会发生，而现在依然发生了，这就使我们对原来做的假设产生怀疑，认为这个假设是不可信的，应该否定。反之，如果计算的概率大于 0.05 或 0.01，则认为不是小概率事件，在一次试验中很容易发生，H_0 的假设可能是正确的，应该接受。

如在小麦改良品种在产量性状上是否和原品种相同一例中，计算出在 $\mu_0=360$ kg 这样一个总体中，得到一个样本平均数 $\bar{x}$ 和 μ_0 相差超过 20 kg 的概率是 0.0456，小于显著水平 $\alpha=0.05$，可以推断改良后的品种在产量性状上已不同于原品种，否定 H_0：$\mu=\mu_0=360$ kg 的假设。

在实际测验时，计算概率可以简化，因为在标准正态 u 分布下 $P(|u|>1.96)=0.05$，$P(|u|>2.58)=0.01$，所以在用 u 分布做测验时；实际算得的 $|u|>1.96$，表明概率 $P<0.05$，可在 0.05 水平上否定 H_0：$\mu=\mu_0=360$ kg；实际算得的 $|u|>2.58$，表明概率 $P<0.01$，可在 0.01 水平上否定 H_0。反之，若实际算得的 $|u|<2.96$，表示 $p>0.05$，可接受 H_0，不必再计算实际的概率。

利用小概率原理进行推断，并不是百分之百地肯定不发生错误，一般而论，假设测验可能会出现两类错误：如果假设是正确的，但通过试验结果的测验后却否定了它，这就造成所谓第一类错误，即 α 错误；反之，如果假设是错误的，而通过试验结果的测验后却接受了它,这就造成所谓第二类错误,即 β 错误。

(三) u 测验与 t 测验

所谓 u 测验是从一个平均数为 μ、方差为 σ^2 的正态总体中抽样或者在一个非正态总体中抽样,只要样本容量 n 足够大,则得到一系列样本平均数 $\bar{x}$ 的分布必然服从正态分布,并且有:

$$u = \frac{\bar{x} - \mu}{\sigma_{\bar{x}}}$$

由试验结果计算得 u 值后,便可从附表 2 查得其相应概率测验 H_0。前述的小麦改良品种在产量性状上是否和原品种相同的分析一例就是 u 测验,u 测验是在总体方差 σ^2 已知;或虽未知但样本是大样本,可用样本方差 S^2 代替总体方差 σ^2 时进行的测验。但一般是总体方差 σ^2 很难获得,且又是小样本,以 S^2 估计 σ^2,则 $u = \frac{\bar{x} - \mu}{S_{\bar{x}}}$ 的分布不呈正态,而作 t 分布,具有自由度 $\nu = n - 1$。即有:

$$t = \frac{\bar{x} - \mu}{S_{\bar{x}}} \qquad (3-1-14)$$

t 分布首先于 1908 年由 W. S. Gosset 以笔名 Student 提出,因此又称学生氏 t 分布。它是具有一个单独的参数 ν 以确定其特定分布,ν 为自由度。其分布有如下特点:

(1) t 分布受自由度($\nu = n - 1$)的制约,每一个自由度都有一条 t 分布曲线。

(2) t 分布以 $t = 0$ 为中心,左右对称分布。

(3) t 分布曲线中间比较陡峭,顶峰略低,两尾则略高,自由度越小,这种趋势越明显(图 3-1-4);自由度越大,t 分布趋近于标准正态分布。当 $n > 30$ 时,t 分布与标准正态分布区别很小;$n \to \infty$ 时,t 分布与标准正态分布完全一致。由于 t 分布受自由度制约,所以 t 值与其相应的概率也随自由度而不同,它是小样本假设测验的理论基础。为了便于应用已将各种自由度的 t 分布,按照各种常用的概率水平制成 t 值两尾概率表(附表 4)。

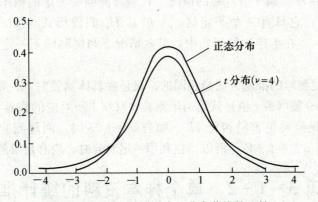

图 3-1-4 正态曲线与 t 分布曲线的比较

(四)两尾测验和一尾测验

1. 接受区间和否定区间 假设测验这种方法从本质上说是把统计数的分布划分为接受区间和否定区间。所谓接受区就是接受 H_0 的区间,统计数落到这个区间就接受 H_0;否定区间则为否定 H_0 的区间,统计数落到这个区间就否定 H_0。对于平均数 $\bar{x}$ 的分布,当取 α 为 0.05 时,可划出接受区间($\mu - 1.96\sigma_{\bar{x}}$,$\mu + 1.96\sigma_{\bar{x}}$),$\bar{x}$ 落入这个区间的概率是 95%。而

$(-\infty, \mu-1.96\sigma_{\bar{x}})$ 和 $(\mu+1.96\sigma_{\bar{x}}, +\infty)$ 为两个对称的否定区间，$\bar{x}$ 落入此区间的概率为 5%（图 3-1-5）。同理，当取 $\alpha=0.01$ 时，可划出否定区间为 $(-\infty, \mu-2.58\sigma_{\bar{x}})$ 和 $(\mu+2.58\sigma_{\bar{x}}, +\infty)$，$\bar{x}$ 落入此区间的概率为 1%。一般将接受区间和否定区间的两个临界值写成 $\mu\pm\mu_\alpha\sigma_{\bar{x}}$。

以上述小麦改良品种为例，在 $H_0: \mu=\mu_0=360\ \text{kg}$ 的假设下，以 $n=16$ 抽样，样本平均数 $\bar{x}$ 是一个具有 $\mu_{\bar{x}}=360\ \text{kg}$，$\sigma_{\bar{x}}=10\ \text{kg}$ 的均数正态分布。当取 $\alpha=0.05$ 为显著水平时，接受区间下限为 $360-1.96\times10=340.4\ \text{kg}$，上限为 $360+1.96\times10=379.6\ \text{kg}$，它的两个否定区间为 $\bar{x}<340.4\ \text{kg}$ 和 $\bar{x}>379.6\ \text{kg}$（图 3-1-5）。可以看出，实际得到的 $\bar{x}=380\ \text{kg}$ 已落入到否定区间。所以，可以冒 5% 的风险否定 H_0。

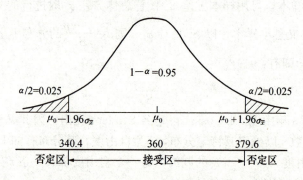

图 3-1-5　0.05 显著水平接受区间和否定区间

2. 两尾测验和一尾测验　假设测验时考虑的概率标准为左右两尾之和，称两尾测验，具有左尾和右尾两个否定区间。这类测验考虑的问题是 μ 可能大于 μ_0，也可能小于 μ_0，测验的关键是 μ 和 μ_0 是否相等，无效假设的形式 $H_0: \mu=\mu_0$，$H_A: \mu\neq\mu_0$。在 μ 不等于 μ_0 的情况下，μ 可小于 μ_0，样本平均数 $\bar{x}$ 就落入左尾否定区；μ 也可大于 μ_0，$\bar{x}$ 就落入右尾否定区，这两种情况都属于 $\mu\neq\mu_0$ 的情况。在假设测验中考虑的概率标准为左尾或右尾概率称为一尾测验，它具有一个否定区。一般其 H_0 假设形式为 $H_0: \mu\geq\mu_0$ 或 $\mu\leq\mu_0$，$H_A: \mu<\mu_0$ 或 $\mu>\mu_0$。在生产和科研当中，某些情况下两尾测验不一定符合实际需要，需采用一尾测验。

一尾测验和两尾测验的推理方法是相同的，只是在具体测验时，一尾测验的显著水平 α 取 0.05 时，其临界 u 值（或 t 值）就是两尾测验 α 取 0.1 所对应的临界 u 值（或 t 值）。因此，一尾测验比两尾测验更容易否定 H_0。如当 $\alpha=0.05$ 时，两尾测验临界 u 的 $|u|=1.96$，而一尾测验 $|u|=1.645$。所以，在利用一尾测验时，应有足够的依据。

资讯 3-1-2　单个样本资料的统计推断

一、单个平均数假设测验

【例 3-1-3】 已知某大豆品种的百粒重为 16 g，现对该品种进行滴灌试验，17 个小区的百粒重克数分别为：19.0、17.3、18.2、19.5、20.0、18.8、17.7、16.9、18.2、17.5、18.7、18.0、17.9、19.0、17.6、16.8、16.4。试问滴灌是否对大豆的百粒重有明显的影响？

本例总体方差为未知，又是小样本，所以要用 t 测验法。又因为滴灌对百粒重的影响可能是提高，也可能是降低，目的是测验滴灌对百粒重是否有影响，故采用两尾测验。

假设：H_0：$\mu=\mu_0=16\ \text{g}$，H_A：$\mu\neq\mu_0$。

测验计算：

$$\bar{x}=\frac{\sum x_i}{n}=\frac{1}{17}\times(19.0+17.3+\cdots+16.4)=\frac{1}{17}\times 307.5=18.09(\text{g})$$

$$S=\sqrt{\frac{\sum x_i^2-\frac{(\sum x_i)^2}{n}}{n-1}}=\sqrt{\frac{19.0^2+17.3^2+\cdots+16.4^2-\frac{307.5^2}{17}}{17-1}}=0.985\ 4(\text{g})$$

$$S_{\bar{x}}=\frac{S}{\sqrt{n}}=\frac{0.985\ 4}{\sqrt{17}}=0.239\ 0(\text{g})$$

代入 3-1-14 式，得 $t=\dfrac{\bar{x}-\mu}{S_{\bar{x}}}=\dfrac{18.09-16}{0.239}=8.737\ 2$。

推断：查附表 4，当 $\nu=17-1=16$ 时，两尾临界值 $t_{0.05}=2.120$，$t_{0.01}=2.921$。实得 $t=8.737\ 2$，故实得 $|t|>t_{0.01}$，否定 H_0，接受 H_A。因此，推断滴灌对大豆的百粒重有极显著影响。

如果本例问滴灌对大豆的百粒重是否有明显的提高作用，则可采用一尾测验。因为从试验结果可以推测，滴灌对百粒重只有提高，而没有降低的可能。且试验者所关心的是滴灌是否有显著的提高作用，降低和相等的情况都是试验者所不希望的，测验的步骤基本同上。

假设 H_0：$\mu\leqslant 16\ \text{g}$，$H_A$：$\mu>16\ \text{g}$。

测验计算同上，$\bar{x}=18.09\ \text{g}$，$s=0.985\ 4\ \text{g}$，$S_{\bar{x}}=0.239\ 0\ \text{g}$，$t=8.737\ 2$。

查 t 值表，当 $\nu=17-1=16$ 时，一尾概率 $\alpha=0.05$ 时，$t_{0.05}$（两尾 $t_{0.1}$）$=1.756$，结果实得 $|t|>t_{0.05}$。因此，推断滴灌对百粒重有显著提高作用。

二、总体平均数的区间估计

总体平均数的区间估计就是在一定的概率保证下，由样本平均数 $\bar{x}$ 估计出可能包括总体均数 μ 在内的一个范围或区间。这个区间称为置信区间，区间的上、下限称为置信限。一般以 L_1、L_2 分别表示置信下限和置信上限，保证 μ 在该区间的概率以 $P=(1-\alpha)$ 表示，称为置信度，这种估计方法称为区间估计。

(一) 大样本资料总体均数的区间估计

从一个正态总体中，以样本容量为 n 随机抽出所有可能的样本，计算其样本平均数 $\bar{x}$，$\bar{x}$ 所组成的分布是一个以平均数为 μ，方差为 $\sigma_{\bar{x}}^2$ 的正态分布。在这个正态分布中，$\mu\pm 1.96\sigma_{\bar{x}}$ 这个范围内包括有 95% 的 $\bar{x}$，$\mu\pm 2.58\sigma_{\bar{x}}$ 范围内包括有 99% 的 $\bar{x}$。

现在从这个总体中，以 $n\geqslant 30$ 随机抽取一个样本，求得平均数 $\bar{x}$，这个 $\bar{x}$ 将有 95% 的可能落入 $\mu\pm 1.96\sigma_{\bar{x}}$ 区间内，有 99% 的可能落入 $\mu\pm 2.58\sigma_{\bar{x}}$ 的区间内。由于在一般情况下，总体的 σ^2 为未知，故均数标准差 $\sigma_{\bar{x}}$ 不易求得，可用大样本均数标准差 $S_{\bar{x}}$ 来代替。因此可用下式表示上述区间的概率：

$$P\left(-1.96\leqslant\frac{\bar{x}-\mu}{S_{\bar{x}}}\leqslant 1.96\right)=0.95$$

$$P\left(-2.58 \leqslant \frac{\bar{x}-\mu}{S_{\bar{x}}} \leqslant 2.58\right)=0.99$$

为了一般化的表示，把某一区间的概率用 $1-\alpha$ 表示，两尾概率用 α 表示，两尾概率为 α 对应的 u 值用 u_α 表示（如 $u_{0.05}=1.96$），所以有：

$$P\left(-u_\alpha \leqslant \frac{\bar{x}-\mu}{S_{\bar{x}}} \leqslant u_\alpha\right)=1-\alpha$$

上式表示总体平均数 μ 位于 $\bar{x} \pm u_\alpha S_{\bar{x}}$ 区间内的概率为 $1-\alpha$。因此，在 $1-\alpha$ 的概率保证下，包括 μ 在内的置信区间的下限和上限为：

$$L_1 = \bar{x} - u_\alpha \cdot S_{\bar{x}}$$
$$L_2 = \bar{x} + u_\alpha \cdot S_{\bar{x}}$$

如果令 $\alpha=0.05$，$u_{0.05}=1.96$，$(1-\alpha)=0.95$，则用区间 $[\bar{x}-1.96S_{\bar{x}}, \bar{x}+1.96S_{\bar{x}}]$ 估计总体平均数 μ，有 95% 的把握，95% 是一个大概率。因此，这种估计方法是比较可靠的。

【例3-1-4】为估计某块小麦田里的小麦平均株高，随机抽取 50 株作为一个样本，得到样本平均株高 $\bar{x}=90$ cm，$S=3.8$ cm，试用 95% 的可靠度估计小麦的总体平均株高。

已知：$\bar{x}=90$ cm，$S=3.8$ cm，$n=50$，$1-\alpha=0.95$，$\alpha=0.05$，$u_{0.05}=1.96$。

$$S_{\bar{x}} = \frac{S}{\sqrt{n}} = \frac{3.8}{\sqrt{50}} = 0.5374 \text{（cm）}$$

所以：$L_1 = \bar{x} - u_{0.05} \cdot S_{\bar{x}} = 90 - 1.96 \times 0.5374 = 88.95$（cm）
$L_2 = \bar{x} + u_{0.05} \cdot S_{\bar{x}} = 90 + 1.96 \times 0.5374 = 91.05$（cm）

即这块地小麦的平均株高为 88.95~91.05 cm，其可靠程度为 95%。

由样本平均数 $\bar{x}$ 对总体均数 μ 做区间估计，总是希望估计的区间小一些，大区间会使估计的意义降低。μ 的置信区间可表示为"$\bar{x} \pm u_\alpha \cdot S_{\bar{x}}$"，估计的误差范围可表示为 $\pm u_\alpha \cdot S_{\bar{x}}$ 或 $\pm u_\alpha \cdot S/\sqrt{n}$。因此，误差范围的大小与 S 的大小成正比关系，与 n 的大小成反比关系。置信概率越大，u_α 就越大，则误差范围越大；反之越小。S 取决于总体的整齐程度，它是客观存在的。样本容量则是人为因素，因此在总体有较大变异的情况下，为了使估计的误差范围不至于过大，可采用较大的样本容量。对于置信概率，一般则采用 95%。

（二）小样本资料总体均数的区间估计

在 $1-\alpha$ 的概率保证下，包括 μ 在内的置信区间的下限和上限为：

$$L_1 = \bar{x} - t_\alpha \cdot S_{\bar{x}}$$
$$L_2 = \bar{x} + t_\alpha \cdot S_{\bar{x}} \tag{3-1-15}$$

t 分布中，t_α 值的大小和自由度有关，因此必须根据样本自由度（$\nu=n-1$）查 t 值表（附表4），查相应的 t_α 值，然后利用式 3-1-15 对总体均数做区间估计。

【例3-1-5】某一引进小麦品种，在 8 个小区种植的千粒重克数为：35.6、37.6、33.4、35.1、32.7、36.8、35.9 和 34.6，试以 95% 置信度估计该品种的总体平均千粒重。

这里 $n=8$ 是小样本，须用式 3-1-15 进行区间估计。

$$\bar{x} = \frac{\sum x_i}{n} = \frac{1}{8} \times (35.6+37.6+\cdots+34.6) = \frac{1}{8} \times 281.7 = 35.21\text{(g)}$$

$$S = \sqrt{\frac{\sum x_i^2 - \frac{(\sum x_i)^2}{n}}{n-1}} = \sqrt{\frac{35.6^2+37.6^2+\cdots+34.6^2-\frac{281.7^2}{8}}{8-1}} = 1.6401\text{(g)}$$

$$S_{\bar{x}} = \frac{S}{\sqrt{n}} = \frac{1.640\,1}{\sqrt{8}} = 0.579\,9(\text{g})$$

查附表 4，当 $\nu=7$ 时，$t_{0.05}=2.365$，代入式 3-1-16 得：

$L_1 = \bar{x} - t_{0.05} \cdot S_{\bar{x}} = 35.21 - 2.365 \times 0.579\,9 = 33.84$ （g）

$L_2 = \bar{x} + t_{0.05} \cdot S_{\bar{x}} = 35.21 + 2.365 \times 0.579\,9 = 36.58$ （g）

故该小麦品种总体千粒重 μ 为 33.84～36.58 g，估计可靠度为 95%。

资讯 3-1-3　利用 Excel 进行单个样本资料的统计推断

对单个样本资料的分析，可先利用相应的 Excel 工作表函数及公式计算出样本统计数，然后再编辑公式计算 t 值或置信限。概率值为 α 的双尾临界 t_α 值可通过插入 TINV 函数而获得（图 3-1-6），其中在 Probability 处输入 α 值，在 Deg_freedom 中输入自由度。

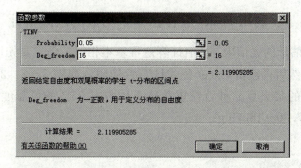

图 3-1-6　"TINV 函数参数"对话框

【例 3-1-6】利用 Excel 计算例 3-1-3 中滴灌与否对某大豆品种的百粒重变化影响的 t 值，并以 95% 或 99% 置信度估计滴灌的大豆百粒重总体平均数置信区间。

一、利用 Excel 进行 t 测验

首先在 Excel 工作表中输入 17 个滴灌小区的百粒重（g）数据和 μ_0 值，然后在相应单元格输入相应特征数的工作表函数及公式（表 3-1-2），得到计算结果（图 3-1-7）。

表 3-1-2　单个平均数资料 t 测验与区间估计的 Excel 工作表函数及计算公式

特征数	所在单元格	公　式
平均数	C6	=AVERAGE(A2:I3)
标准差	D6	=STDEV(A2:I3)
n	E6	=COUNT(A2:I3)
自由度 df	F6	=E6-1
t 值	G6	=(C6-E4)/D6*SQRT(E6)
$t_{0.05}$ 或 $t_{0.01}$	H6、E9 或 I6、E10	=TINV(0.05, F6) 或 =TINV(0.01, F6)
置信下限	F9 或 F10	=\$C\$6-E9*\$D\$6/SQRT(\$E\$6) 或 =\$C\$6-E10*\$D\$6/SQRT(\$E\$6)
置信上限	G9 或 G10	=\$C\$6+E9*\$D\$6/SQRT(\$E\$6) 或 =\$C\$6+E10*\$D\$6/SQRT(\$E\$6)

注：（A2:I3）为原始数据所在区域，E4 为 μ_0 值。

试验统计方法

	A	B	C	D	E	F	G	H	I
1	滴灌的17个小区百粒重（g）资料：								
2	19.0	17.3	18.2	19.5	20.0	18.8	17.7	16.9	18.2
3	17.5	18.7	18.0	17.9	19.0	17.6	16.8	16.4	
4	未滴灌的某大豆品种百粒重(g) $\mu_0=$				16.0				
5	t值计算过程：		平均数	标准差	n	df	t值	$t_{0.05}$	$t_{0.01}$
6		结果：	18.09	0.9854	17	16	8.7372	2.120	2.921
7									
8	总体平均数的置信区间：			置信度	t_α	置信下限	置信上限		
9				95%	2.120	17.58	18.59		
10				99%	2.921	17.39	18.79		

G6 单元格公式 fx =(C6-E4)/D6*SQRT(E6)

图 3-1-7　例 3-1-3 资料的 t 测验与区间估计计算结果图示

二、利用 Excel 进行总体平均数的区间估计

总体平均数区间估计的置信限与 t 值计算过程基本相似，仍需要先计算出平均数、标准差、n、df 和 t_α 值，然后再编辑 Excel 公式计算置信限，如表 3-1-2、图 3-1-7 所示。计算结果表明：滴灌的某大豆品种百粒重总体平均数有 95% 的可靠度为 17.58～18.59 g、有 99% 的可靠度为 17.39～18.79 g。

思与练

1. 如何解释小概率事件实际不可能性原理？
2. 统计推断的内容是什么？假设测验的基本步骤是什么？
3. 假设测验时，何时用一尾测验？何时用两尾测验？
4. 什么是显著水平，$\alpha=0.05$ 的显著水平的含义是什么？
5. 在假设测验中，什么情况下采用 u 测验，什么情况下采用 t 测验？
6. 有一玉米杂交种每 667 m² 产量总体为正态分布，其总体平均产量 $\mu_0=430$ kg，标准差 $\sigma=30$ kg，为提高制种产量进行反交制种，对反交种进行 9 个小区试验，得平均每 667 m² 产量 $\bar{x}=415$ kg，问反交种在产量上是否和正交种有显著差异？
7. 某一棉花品种的纤维长度平均为 29.8 mm，现从一棉花新品系中以 $n=100$ 抽样，测得其纤维平均长度 $\bar{x}=30.1$ mm，标准差 $S=1.5$ mm，问此结果可否认为这一新品系的纤维长度不同于原棉花品种？

任务 3-2　分析两个样本平均数资料

【知识目标】掌握成对、成组资料的特点及测验的方法步骤。
【能力目标】能分析不同类别的两个样本的数据资料。

分析试验结果　项目 3

子任务 3-2-1　分析两个样本的成组数据资料

◆**任务清单：**
　　有一个矮壮素效果试验，在抽穗期测定喷矮壮素小区玉米 8 株，株高（cm）为：160、160、200、160、200、170、150、210，对照区玉米 9 株，株高（cm）为：120、270、180、250、270、290、270、230、170，试测验矮壮素是否对玉米矮化有效？

◆**成果展示：**
【资料解读】
观察项目：＿＿＿＿＿＿＿＿＿＿＿＿＿；观察单元：＿＿＿＿＿＿＿＿＿＿＿＿＿＿。
试验因素：＿＿＿＿＿＿＿＿＿＿＿＿＿；处理名称：＿＿＿＿＿＿＿＿＿＿＿＿＿＿。
总体：＿＿＿＿＿＿＿＿＿＿＿＿＿＿＿＿＿＿＿＿＿＿＿＿＿＿＿＿＿＿＿＿＿＿＿。
样本：＿＿＿＿＿＿个，即＿＿＿＿＿＿＿＿＿＿＿＿＿＿＿＿＿＿＿＿＿＿＿＿＿。
【统计分析】

子任务 3-2-2　分析两个样本的成对数据资料

◆**任务清单：**
　　有两种不同烟草花叶病毒，对某烟草叶片的致病力有否不同进行测验。试验采用配对设计法，随机在该品种中抽取 8 株作试株，在每株的第二叶片上，随机地半片叶上接甲病毒，另半片叶上接乙病毒。待发病后，记录叶片上每半片发生花叶病病斑数目如下表，试分析：甲、乙两种病毒对该烟草品种致病能力的差异是否显著？这两种病毒对该烟草品种致病力差异的 95％置信区间？

两种烟草花叶病毒对某种烟草品种的致病力（半片叶片病斑数）

株　号	1	2	3	4	5	6	7	8
甲病毒	9	17	31	18	7	8	20	10
乙病毒	10	11	18	14	6	7	17	5

◆**成果展示：**
【资料解读】
观察项目：＿＿＿＿＿＿＿＿＿＿＿＿＿；观察单元：＿＿＿＿＿＿＿＿＿＿＿＿＿＿。
试验因素：＿＿＿＿＿＿＿＿＿＿＿＿＿；处理名称：＿＿＿＿＿＿＿＿＿＿＿＿＿＿。

总体：_____个，即_____。
样本：_____个，即_____。
【统计分析】

子任务 3-2-3　归纳总结两个样本资料分析的计算方法

◆任务清单：
根据子任务 3-2-1 与 3-2-2 的分析过程，结合自己拥有的计算工具（计算器或电脑软件），归纳整理出两个样本资料分析的计算方法步骤。

◆成果展示：
成组数据分析的计算方法：

成对数据分析的计算方法：

相关资讯

资讯 3-2-1　成组数据比较的统计推断

一、成组数据比较的假设测验与区间估计

两个样本平均数的假设测验是测验两个样本平均数 $\bar{x}_1$ 和 $\bar{x}_2$ 所属的总体平均数 μ_1 和 μ_2 是否相等，它经常应用于比较不同处理效应的差异显著性。例如，两个品种的生产能力、两种施肥方法对产量的效应、两种饲料配方对动物生长发育的作用等。这些必须从所涉及的两个总体中取得样本，利用样本平均数之间的差异来推断总体平均数之间的差异。两个样本平均数的区间估计，实际是在一定置信概率保证下估计两个总体平均数差数 $\mu_1 - \mu_2$ 的区间范围。具体测验和估计的方法因资料的抽样设计不同，可分为成组数据的比较和成对数据的比较。

成组数据资料的特点是指两个样本的各个观察值是从各自总体中抽取的，样本间的观察值没有任何关联，即两个样本是彼此独立的。这种情况下，无论是两样本的容量是否相同，

所得数据皆称为成组数据，它是以组平均数作为相互比较的标准测验差异显著性。

(一) 成组数据的假设测验

1. 在两个样本总体方差 σ_1^2 和 σ_2^2 已知或未知但两个样本都是大样本（$n_1 \geqslant 30$，$n_2 \geqslant 30$）**时，用 u 测验** 一般情况下，两个总体的方差 σ_1^2 和 σ_2^2 都是未知的，因此这里着重讨论两个大样本的比较。由抽样分布公式可知样本平均数差数的标准误 $S_{\bar{x}_1-\bar{x}_2}$ 为：

$$S_{\bar{x}_1-\bar{x}_2}=\sqrt{\frac{S_1^2}{n_1}+\frac{S_2^2}{n_2}}$$

因此有：

$$u=\frac{(\bar{x}_1-\bar{x}_2)-(\mu_1-\mu_2)}{S_{\bar{x}_1-\bar{x}_2}} \quad (3-2-1)$$

由于假设 H_0：$\mu_1=\mu_2$，故而有：

$$u=\frac{\bar{x}_1-\bar{x}_2}{S_{\bar{x}_1-\bar{x}_2}} \quad (3-2-2)$$

如果实得 $|u|>u_\alpha$，否定 H_0，接受 H_A。当 $|u|<u_\alpha$ 时，接受 H_0。

【例 3-2-1】表 3-2-1 是水稻不同插秧期的每穗结实数，试测验两个插秧期对水稻每穗结实数有无影响。

表 3-2-1　水稻不同插秧期的每穗结实数

插秧期	每 穗 结 实 数									
6月4日	31	84	71	38	46	46	54	44	88	24
	81	62	45	57	62	39	37	69	21	53
	44	53	61	45	72	35	62	70	42	88
	37	74	42	87	47	46	65	54	28	58
	63	54	62	59	30	53	29	62	78	53
6月17日	31	44	65	32	40	53	54	60	34	49
	46	48	49	31	23	69	58	42	44	24
	51	32	43	33	25	49	47	66	36	36
	34	33	41	62	38	38	40	66	47	71
	24	53	20	25	31	41	60	32	56	38

无效假设：H_0：$\mu_1=\mu_2$，对 H_A：$\mu_1\neq\mu_2$。

测验计算：

$$\bar{x}_1=\frac{\sum x_i}{n}=\frac{1}{50}\times(31+84+\cdots+53)=54.10$$

$$S_1^2=\frac{31^2+84^2+\cdots+53^2-\frac{(31+84+\cdots+53)^2}{50}}{50-1}=294.5000$$

$$\bar{x}_2=\frac{\sum x_i}{n}=\frac{1}{50}\times(31+44+\cdots+38)=43.28$$

$$S_2^2=\frac{31^2+44^2+\cdots+38^2-\frac{(31+44+\cdots+38)^2}{50}}{50-1}=174.4506$$

标准误：$S_{\bar{x}_1-\bar{x}_2}=\sqrt{\dfrac{S_1^2}{n_1}+\dfrac{S_2^2}{n_2}}=\sqrt{\dfrac{294.5}{50}+\dfrac{174.4506}{50}}=3.0625$

代入 3-2-2 式，得 $u=\dfrac{\bar{x}_1-\bar{x}_2}{S_{\bar{x}_1-\bar{x}_2}}=\dfrac{54.10-43.28}{3.0625}=3.533$

推断：由于实得 $|u|>u_{0.01}=2.58$，所以否定 H_0，接受 H_A，即两个插秧期的每穗结实数有极显著的差异。

2. 在两个样本的总体方差 σ_1^2 和 σ_2^2 未知，又是小样本时，可假定 $\sigma_1^2=\sigma_2^2$ 用 t 测验

$$t=\dfrac{(\bar{x}_1-\bar{x}_2)-(\mu_1-\mu_2)}{S_{\bar{x}_1-\bar{x}_2}} \tag{3-2-3}$$

由于假设 $H_0:\mu_1=\mu_2$，故而有：

$$t=\dfrac{\bar{x}_1-\bar{x}_2}{S_{\bar{x}_1-\bar{x}_2}} \tag{3-2-4}$$

由于假定 $\sigma_1^2=\sigma_2^2=\sigma^2$，而 S_1^2 和 S_2^2 都是用来作为 σ^2 的无偏估计值的，所以用两个方差 S_1^2 和 S_2^2 的加权值 S_e^2 来估计平均数差数标准误。

$$S_e^2=\dfrac{S_1^2(n_1-1)+S_2^2(n_2-1)}{(n_1-1)+(n_2-1)}=\dfrac{SS_1+SS_2}{n_1+n_2-2} \tag{3-2-5}$$

式中：S_e^2 为合并均方，$SS_1=\sum(x_1-\bar{x}_1)^2$ 与 $SS_2=\sum(x_2-\bar{x}_2)^2$ 分别为两样本的离均差平方和，求得 S_e^2 后，其两样本平均数的差数标准误为：

$$S_{\bar{x}_1-\bar{x}_2}=\sqrt{S_e^2\left(\dfrac{1}{n_1}+\dfrac{1}{n_2}\right)}=\sqrt{\dfrac{SS_1+SS_2}{n_1+n_2-2}\left(\dfrac{1}{n_1}+\dfrac{1}{n_2}\right)} \tag{3-2-6}$$

其误差自由度 $v=n_1+n_2-2$，查 t 值表时用该自由度。

当 $n_1=n_2=n$ 时，上式可简化为：

$$S_{\bar{x}_1-\bar{x}_2}=\sqrt{\dfrac{2S_e^2}{n}}=\sqrt{\dfrac{S_1^2+S_2^2}{n}} \tag{3-2-7}$$

【例 3-2-2】 为比较水稻田两种氮肥浅施效果，用完全随机排列进行试验，产量结果列于表 3-2-2，试测验两种氮肥浅施对水稻产量的差异显著性。

表 3-2-2 硝酸铵和氯化铵浅施水稻的产量　　　　　　　　　　单位：kg/hm²

x_1（浅施硝酸铵）	x_2（浅施氯化铵）
3 592.50	3 722.25
3 609.00	3 837.75
3 712.50	3 918.00
3 487.50	3 861.00
3 562.50	3 831.00

无效假设：$H_0:\mu_1=\mu_2$，$H_A:\mu_1\neq\mu_2$。

测验计算：由于 $n_1=n_2=5$，可用式 3-2-7 计算标准误，故：

$\bar{x}_1=\dfrac{1}{5}\times(3592.50+3609.00+3712.50+3487.50+3562.50)=3592.80$（kg）

$$\bar{x}_2 = \frac{1}{5} \times (3722.25 + 3837.75 + 3918.00 + 3861.00 + 3831.00) = 3\,834.00 \text{ (kg)}$$

$$S_1^2 = \frac{3\,592.50^2 + \cdots + 3\,562.50^2 - \frac{(3\,592.50 + \cdots + 3\,562.50)^2}{5}}{5-1} = 6\,649.200\,0$$

$$S_2^2 = \frac{3\,722.25^2 + \cdots + 3\,831.00^2 - \frac{(3\,722.25 + \cdots + 3\,831.00)^2}{5}}{5-1} = 5\,074.031\,3$$

标准误：$S_{\bar{x}_1 - \bar{x}_2} = \sqrt{\frac{S_1^2 + S_2^2}{n}} = \sqrt{\frac{6\,649.200\,0 + 5\,074.031\,3}{5}} = 48.421\,5$ （kg）

代入式 3-2-4，得 $t = \frac{\bar{x}_1 - \bar{x}_2}{S_{\bar{x}_1 - \bar{x}_2}} = \frac{3\,592.80 - 3\,834.00}{48.421\,5} = -4.981\,3$

查附表 4，$\nu = 5+5-2 = 8$ 时，得 $t_{0.05} = 2.306$，$t_{0.01} = 3.355$。

推断：实得 $|t| = 4.981\,3 > t_{0.01}$，否定 H_0，即水田浅施氯化铵与浅施硝酸铵产量有极显著差异。

【例 3-2-3】从前茬作物喷洒过有机砷杀虫剂的麦田中随机取 4 样株，测定砷在植株体内的残留量分别为 7.5、9.7、6.8 和 6.4 mg，又从前茬作物未喷洒过有机砷杀虫剂的对照田随机取 3 株，测得砷含量为 4.2、7.0 和 4.6 mg。试测定喷洒有机砷杀虫剂是否使后茬作物体内砷含量显著地提高。

因为一般喷洒过有机砷农药的只可能使植株体内砷含量提高，没有降低的可能，且试验者关心的是喷洒后是否使后茬作物体内砷含量显著提高，故用一尾测验。

无效假设：$H_0: \mu_1 \leqslant \mu_2$，$H_A: \mu_1 > \mu_2$。

测验计算：由于 $n_1 \neq n_2$，需用式 3-2-6 计算标准误，故：

$$\bar{x}_1 = \frac{1}{4} \times (7.5 + 9.7 + 6.8 + 6.4) = 7.60 \text{ (mg)}$$

$$\bar{x}_2 = \frac{1}{3} \times (4.2 + 7.0 + 4.6) = 5.27 \text{ (mg)}$$

$$SS_1 = \sum x_1^2 - \frac{(\sum x_1)^2}{n_1} = 7.5^2 + 9.7^2 + 6.8^2 + 6.4^2 - \frac{(7.5 + 9.7 + 6.8 + 6.4)^2}{4} = 6.500\,0$$

$$SS_2 = \sum x_2^2 - \frac{(\sum x_2)^2}{n_2} = 4.2^2 + 7.0^2 + 4.6^2 - \frac{(4.2 + 7.0 + 4.6)^2}{3} = 4.586\,7$$

两个方差的合并均方：$S_e^2 = \frac{SS_1 + SS_2}{n_1 + n_2 - 2} = \frac{6.500\,0 + 4.586\,7}{4 + 3 - 2} = 2.217\,3$

标准误：$S_{\bar{x}_1 - \bar{x}_2} = \sqrt{S_e^2 \left(\frac{1}{n_1} + \frac{1}{n_2}\right)} = \sqrt{2.217\,3 \times \left(\frac{1}{4} + \frac{1}{3}\right)} = 1.137\,3$ （mg）

代入式 3-2-4，得 $t = \frac{\bar{x}_1 - \bar{x}_2}{S_{\bar{x}_1 - \bar{x}_2}} = \frac{7.60 - 5.27}{1.137\,3} = 2.052$

推断：查附表 4，$\nu = 4+3-2 = 5$ 时，$t_{0.05}$（双尾 $t_{0.1}$）$= 2.015$，实得 $|t| = 2.052 > t_{0.05}$（双尾 $t_{0.1}$），否定 $H_0: \mu_1 \leqslant \mu_2$，接受 $H_A: \mu_1 > \mu_2$，即前茬作物喷洒过有机砷农药会显著提高后茬作物体中的砷含量。

在本例中，如用两尾测验，$t_{0.05} = 2.571$，则接受 $H_0: \mu_1 = \mu_2$，这与上述一尾测验结论不一致，因此，用一尾测验更容易否定 H_0。

（二）两总体平均数差数的区间估计

两总体平均数差数的区间估计即在一定置信度下，估计两总体平均数 μ_1 与 μ_2 的差异范围。当两样本为大样本时：

$$L_1 = (\bar{x}_1 - \bar{x}_2) - u_\alpha \cdot S_{\bar{x}_1 - \bar{x}_2}$$
$$L_2 = (\bar{x}_1 - \bar{x}_2) + u_\alpha \cdot S_{\bar{x}_1 - \bar{x}_2}$$
（3-2-8）

当两样本为小样本时：

$$L_1 = (\bar{x}_1 - \bar{x}_2) - t_\alpha \cdot S_{\bar{x}_1 - \bar{x}_2}$$
$$L_2 = (\bar{x}_1 - \bar{x}_2) + t_\alpha \cdot S_{\bar{x}_1 - \bar{x}_2}$$
（3-2-9）

【例 3-2-4】在例 3-2-1 中，已算出 $\bar{x}_1 = 54.10$，$\bar{x}_2 = 43.28$，$S_{\bar{x}_1 - \bar{x}_2} = 3.0625$，试用 99% 置信度估计两个插秧期的每穗结实数差异范围。

因为 n_1、n_2 均大于 30，用式 3-2-8 进行估计，则 $\mu_1 - \mu_2$ 的 99% 置信限为：

$L_1 = (\bar{x}_1 - \bar{x}_2) - u_\alpha \cdot S_{\bar{x}_1 - \bar{x}_2} = (54.01 - 43.28) - 2.58 \times 3.0625 = 2.92$（粒/穗）
$L_1 = (\bar{x}_1 - \bar{x}_2) + u_\alpha \cdot S_{\bar{x}_1 - \bar{x}_2} = (54.01 - 43.28) + 2.58 \times 3.0625 = 18.72$（粒/穗）

即水稻 6 月 4 日插秧比 6 月 17 日插秧的每穗结实数多 2.92～18.72 粒，这个估计有 99% 的把握。

【例 3-2-5】在例 3-2-2 资料中，已求出 $\bar{x}_1 = 3592.80$ kg，$\bar{x}_2 = 3834.00$ kg，$S_{\bar{x}_1 - \bar{x}_2} = 48.4215$ kg，试用 95% 置信度估计两种氮肥的产量差异范围。

由附表 4 查得，当 $\nu = 8$ 时，$t_{0.05} = 2.306$，因 n_1、n_2 均小于 30，用式 3-2-9 进行估计，则 $\mu_1 - \mu_2$ 的 95% 置信限为：

$$L_1 = (3592.80 - 3834.00) - 2.306 \times 48.4215 = -352.86 \text{（kg）}$$
$$L_2 = (3592.80 - 3834.00) + 2.306 \times 48.4215 = -129.54 \text{（kg）}$$

即水稻在浅施硝酸铵时比浅施氯化铵水稻产量低 129.54～352.86 kg，这个估计的把握程度是 95%。

二、用 Excel 统计软件分析成组数据资料

成组数据的计算分析可借助于数据分析工具"t-检验：双样本等方差假设"或"t-检验：双样本异方差假设"进行。

【例 3-2-6】利用 Excel 计算例 3-2-2 中两种氮肥浅施对水稻产量变化影响的 t 值，并以 95% 或 99% 置信度估计两种氮肥浅施造成水稻产量差异的总体平均数差数置信区间。

（一）t 测验

首先在 Excel 工作表中输入两种氮肥浅施的每 667 m² 水稻产量（kg）数据，然后在菜单栏选择"工具"中的"数据分析"命令，弹出"数据分析"对话框，选择"t-检验：双样本等方差假设"工具，单击"确定"后弹出"t-检验：双样本等方差假设"对话框（图 3-2-1）。

在"变量 1 的区域（1）"和"变量 2 的区域（2）"中分别输入两个样本观察值所在的区域，若无效假设 H_0 为 $\mu_1 - \mu_2 = 0$，则在"假设平均差"输入 0；显著水平"α（A）"默认为 0.05，若选择其他概率水平，需要重新输入。最后选择"输出选项"，单击"确定"后 Excel 便在相应输出区域（本例为 E1 单元格）中显示出计算结果（图 3-2-2）。

分析试验结果 项目3

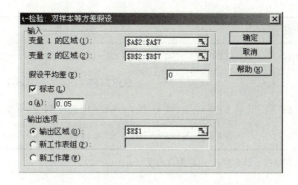

图 3-2-1 "t-检验：双样本等方差假设"对话框

计算结果给出了 t 值（F10 单元格）及该 t 值的单尾概率（F11）和双尾概率（F13）、$\alpha=0.05$ 时的单尾临界 t 值（F12）和双尾临界 t 值（F14），在分析时可直接根据单尾或双尾概率值大小做出结论。如本例为双尾测验，F13 单元格中的"P(T<=t) 双尾"=0.001 077 8<0.01，因此可以推断，水田浅施氯化铵与浅施硝酸铵产量差异极显著。

图 3-2-2 例 3-2-2 资料的 t 测验与区间估计计算结果图示

（二）总体平均数差数的区间估计

两个处理的总体平均数差数区间估计的置信限可利用上述 t 测验的计算结果编辑 Excel 公式来计算（表 3-2-3）。计算结果（图 3-2-2）表明：浅施硝酸铵时比浅施氯化铵的水稻产量有 95% 的可靠度低 8.64～23.52 kg，有 99% 的可靠度低 5.25～26.91 kg。

表 3-2-3 成组数据资料区间估计的 Excel 计算公式

特征数	所在单元格	公式
$\bar{x}_1$、$\bar{x}_2$	F4、G4	t 测验分析工具的计算结果
n_1、n_2	F6、G6	t 测验分析工具的计算结果
S_e^2	F7	t 测验分析工具的计算结果

(续)

特征数	所在单元格	公 式
$t_{0.05}$ 或 $t_{0.01}$	B11 或 C11	=TINV((1−B10),(F6+G6−2)) 或 =TINV((1−C10),(F6+G6−2))
$S_{\bar{x}_1-\bar{x}_2}$	C14	=SQRT(F7*(1/F6+1/G6))
置信下限	B12 或 C12	=\$F\$4−\$G\$4−B11*\$C\$14 或 =\$F\$4−\$G\$4−C11*\$C\$14
置信上限	B13 或 C13	=\$F\$4−\$G\$4+B11*\$C\$14 或 =\$F\$4−\$G\$4+C11*\$C\$14

注：B10、C10 为输入的置信度，(F6+G6−2) 为自由度 (n_1+n_2-2)。

资讯 3-2-2 成对数据比较的统计推断

一、成对数据比较的假设测验与区间估计

成对数据资料要求两个样本各个体间配偶成对，并设有多个配对，每对个体除处理不同外，其余条件（如环境、管理等）应一致或基本一致，对与对之间的条件容许有差异。例如，在条件最为近似的两个小区或盆钵中进行两种不同处理，在同一植株的对称部位上进行两种不同处理，照此方法获得的数据都是成对数据。

（一）成对数据的假设测验

在成对数据中，由于同一配对内两个试验单元的试验条件很接近，而不同配对间的条件差异又可通过各个配对差数予以消除，因而可以控制试验误差，具有较高的精确度。

设两个样本的观察值分别为 $\bar{x}_1$ 和 $\bar{x}_2$ 共配成 n 对，各个对的差数为 $d_i = x_{1i} - x_{2i}$，差数的平均数为 $\bar{d} = \bar{x}_1 - \bar{x}_2$，差数标准差为：

$$S_d = \sqrt{\frac{\sum(d-\bar{d})^2}{n-1}} \qquad (3-2-10)$$

差数平均数的标准误 $S_{\bar{d}}$ 为：

$$S_{\bar{d}} = \frac{S_d}{\sqrt{n}} = \sqrt{\frac{\sum(d-\bar{d})^2}{n(n-1)}} = \sqrt{\frac{\sum d^2 - \frac{(\sum d)^2}{n}}{n(n-1)}} \qquad (3-2-11)$$

因而：

$$t = \frac{\bar{d} - \mu_d}{S_{\bar{d}}} \qquad (3-2-12)$$

该 t 值服从 $\nu = n-1$ 的 t 分布。

由于无效假设 $H_0: \mu_d = 0$，因此式 3-2-12 可改写成：

$$t = \frac{\bar{d}}{S_{\bar{d}}} \qquad (3-2-13)$$

当实得 $|t| \geq t_\alpha$，则否定 H_0，接受 $H_A: \mu_d \neq 0$，两样本平均数差异显著。

【例 3-2-7】选 10 块面积相同的玉米地块，各分成两半，一半去雄另一半不去雄，产量结果列于表 3-2-4。试测验两种处理产量的差异显著性。

表 3－2－4　玉米去雄与不去雄成对产量数据　　　　　　　　单位：kg

区号	去雄（x_{1i}）	不去雄（x_{2i}）	$d_i = x_{1i} - x_{2i}$
1	14.0	13.0	＋1.0
2	16.0	15.0	＋1.0
3	15.0	15.0	0.0
4	18.5	17.0	＋1.5
5	17.0	16.0	＋1.0
6	17.0	12.5	＋4.5
7	15.0	15.5	－0.5
8	14.0	12.5	＋1.5
9	17.0	16.0	＋1.0
10	16.0	14.0	＋2.0

由于每个地块土壤条件接近一致，故两个处理的产量可视为成对数据。

无效假设：H_0：$\mu_d = 0$，对 H_A：$\mu_d \neq 0$。

测验计算：

$$\bar{d} = \frac{\sum d_i}{n} = \frac{1+1+\cdots+2}{10} = 1.3$$

$$S_{\bar{d}} = \sqrt{\frac{\sum d^2 - \frac{(\sum d)^2}{n}}{n(n-1)}} = \sqrt{\frac{1^2+1^2+\cdots+2^2 - \frac{(1+1+\cdots+2)^2}{10}}{10(10-1)}} = 0.4230$$

$$t = \frac{\bar{d}}{S_{\bar{d}}} = \frac{1.3}{0.4230} = 3.074$$

推断：查附表 4，$\nu = n - 1 = 10 - 1 = 9$ 时，$t_{0.05} = 2.262$，$t_{0.01} = 3.250$。$|t| \geq t_{0.05}$，则否定 H_0，接受 H_A，即玉米去雄与不去雄产量差异显著。

（二）总体差数的区间估计

成对数据资料也可用区间估计方法由差数平均数 $\bar{d}$ 去估计差数总体的平均数 μ_d 的置信区间。在 $1-\alpha$ 概率保证下，包括有 μ_d 在内的置信区间的下限和上限为：

$$L_1 = \bar{d} - t_\alpha \cdot S_{\bar{d}}$$
$$L_2 = \bar{d} + t_\alpha \cdot S_{\bar{d}}$$
（3－2－14）

如例 3－2－7 的 95％置信区间为：$0.34 \leq \mu_d \leq 2.26$。

二、利用 Excel 对成对数据进行分析

两个样本的成对数据资料的计算分析可借助于数据分析工具"t-检验：平均值的成对二样本分析"进行。

【例 3－2－8】利用 Excel 计算例 3－2－7 中去雄与不去雄对玉米产量（kg）变化影响的 t 值，并以 95％置信度估计去雄与不去雄造成玉米产量差异的总体平均数置信区间。

（一）t 检验

首先在 Excel 工作表中输入去雄与不去雄处理的玉米产量（kg）数据，然后在菜单栏选择"工具"中的"数据分析"命令，弹出"数据分析"对话框（图 3－2－3），选择"t-检

验：平均值的成对二样本分析"工具，单击"确定"后弹出"t-检验：平均值的成对二样本分析"对话框（图3-2-4）。

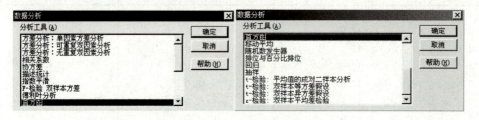

图3-2-3 "数据分析"对话框及分析工具列表

图3-2-4 "t-检验：平均值的成对二样本分析"对话框

在"变量1的区域（1）"和"变量2的区域（2）"中分别输入两个样本的观察值所在的区域，若无效假设H_0为$\mu_d=0$，则在"假设平均差"中输入0；显著水平"α（A）"同样默认为0.05。最后选择"输出选项"，单击"确定"后便得出计算结果（图3-2-5）。

计算结果分析同样也可直接根据单尾或双尾概率值大小做出结论。如本例由于G11单元格中的"P(T<=t)双尾"=0.01327588<0.05，因此可以推断，去雄与不去雄的玉米产量差异显著。

	A	B	C	D	E	F	G	H
1	表5-3 去雄与不去雄的玉米产量(kg)					t-检验：成对双样本均值分析		
2	区号	去雄(x_{1i})	未去雄(x_{2i})	d_i				
3	1	14.0	13.0	1.0			去雄(x_{1i})	未去雄(x_{2i})
4	2	16.0	15.0	1.0		平均	15.95	14.65
5	3	15.0	15.0	0.0		方差	2.13611111	2.50277778
6	4	18.5	17.0	1.5		观测值	10	10
7	5	17.0	16.0	1.0		泊松相关系数	0.61629948	
8	6	17.0	12.5	4.5		假设平均差	0	
9	7	15.0	15.5	-0.5		df	9	
10	8	14.0	12.5	1.5		t Stat	3.07363058	
11	9	17.0	16.0	1.0		P(T<=t) 单尾	0.00663794	
12	10	16.0	14.0	2.0		t 单尾临界	1.83311292	
13						P(T<=t) 双尾	0.01327588	
14	置信度	t_α	置信下限	置信上限		t 双尾临界	2.26215716	
15	95%	2.262	0.34	2.26				

图3-2-5 例3-2-7资料的t检验与区间估计计算结果图示

（二）总体平均数差数的区间估计

两个处理差数总体的平均数 μ_d 的置信限计算需先计算出各对观察值的差值（d_i），然后再编辑 Excel 公式来计算（表3-2-5）。计算结果（图3-2-5）表明：去雄与不去雄的玉米产量差异有95%的可靠度为0.34~2.26 kg。

表3-2-5 成对数据资料区间估计的 Excel 计算公式

特征数	所在单元格	公式
d_i	D3~D12	D3 的公式为"=B3-C3"，然后将该公式粘贴到 D4~D12 中
t_α	B15	=TINV((1-A15)，(COUNT(D3:D12)-1))
置信下限	C15	=AVERAGE(D3:D12)-B15*STDEV(D3:D12)/SQRT(COUNT (D3:D12))
置信上限	D15	=AVERAGE(D3:D12)+B15*STDEV (D3:D12)/SQRT(COUNT(D3:D12))

注：COUNT(D3:D12) 为 n，AVERAGE(D3:D12) 为 $\bar{d}$，STDEV(D3:D12) 为 S_d，A15 为输入的置信度。

思与练

1. 随机在甲、乙两地区抽取某品种小麦籽粒样本各一个，分析出这两个样本各单位蛋白质含量（%）如下：

甲地区：12.6，13.4，11.9，12.8，13.0
乙地区：13.1，13.4，12.8，13.5，13.3，12.7，12.4
试测验该小麦品种在甲、乙两地种植，其蛋白含量差异是否显著？

2. 随机调查某果园甲、乙两种苹果树各7株，得单株产量（kg）如下：

X_1（甲品种）	52.5	47.5	40	60	54	61	64
X_2（乙品种）	51	41	44	36	32.5	27	34

试测验甲、乙两品种产量的差异显著性。

3. 某玉米品种不同栽培方式的对比试验，每个地块上，A、B两种不同栽培方式的小区相邻种植。测得产量如下，试测验 A、B 两栽培方式产量的差异显著性。

地块代号	1	2	3	4	5	6	7
A 式栽培（kg/667 m²）	470	550	479	533	416	473	262
B 式栽培（kg/667 m²）	317	384	405	367	322	368	221

任务3-3 分析多个样本平均数资料

【知识目标】方差分析法的原理和方法。
【能力目标】能运用方差分析法对不同设计的试验结果进行分析。

子任务 3-3-1　分析单因素完全随机试验资料

◆**任务清单：**

某玉米品种进行 4 种不同种植密度的比较试验，每个密度种植 4 个小区，完全随机设计，测得各小区玉米的千粒重（g）结果如下表。试对 4 种密度下的千粒重做相互比较，并做出差异显著性结论。

密度（株/667 m²）	千粒重（g）				T_t	$\bar{x}_t$
2 000	247	258	256	251		
4 000	238	244	246	236		
6 000	214	227	221	218		
8 000	210	204	200	210		

◆**成果展示：**

【资料解读】

观察项目：_____；观察单元：_____。
设计方法：_____；重复次数：_____。
试验因素：_____；处理名称：_____。
总体：_____个，即_____。
样本：_____个，即_____。

【统计分析】

方差分析表

变异来源	SS	df	MS	F	$F_{0.05}$	$F_{0.01}$
处理间						
误差						
总变异						

结论：_____。

多重比较结果

品种	$\bar{x}_t$	差异显著性

子任务 3-3-2　分析单因素随机区组设计试验资料

◆**任务清单：**

玉米 5 个新品种和 1 个对照（CK）品种比较试验，随机区组设计，4 次重复，小区田间排列与产量（kg）如下图所示，试做方差分析。

E	CK	D	A	B	C
40.5	37.2	41.4	34.8	33.6	43.2

A	CK	D	C	B	E
36.0	41.4	42.0	40.8	32.4	43.8

A	C	B	E	D	CK
40.2	39.6	34.8	46.8	43.2	39.6

A	C	B	E	D	CK
36.0	42.0	45.6	37.8	36.6	44.4

◆**成果展示：**

【资料解读】

观察项目：_____；观察单元：_____。
设计方法：_____；重复次数：_____。
试验因素：_____；处理名称：_____。
总体：_____ 个，即 _____。
样本：_____ 个，即 _____。

方差分析表

变异来源	SS	df	MS	F	$F_{0.05}$	$F_{0.01}$
区组间						
处理间						
误差						
总变异						

结论：_____。

多重比较结果

品种	$\bar{x}_t$	差异显著性

子任务 3-3-3　分析两因素随机区组设计试验资料

◆**任务清单：**

有一玉米品种与施肥量试验，品种为 A 因素，分为 A_1、A_2、A_3 这 3 个水平，施肥量为 B 因素，分 B_1、B_2、B_3 这 3 个水平，随机区组设计，重复 3 次，小区计产面积 30 m^2，其田间布置及产量（kg）如下图：

Ⅰ	A_1B_3 12.0	A_3B_3 13.5	A_1B_1 21.8	A_2B_3 20.3	A_1B_2 15.8	A_2B_1 21.8	A_3B_2 15.0	A_2B_2 22.5	A_3B_1 18.8
Ⅱ	A_1B_1 17.3	A_3B_2 13.5	A_1B_2 18.0	A_2B_2 21.8	A_3B_1 17.3	A_2B_1 22.5	A_2B_2 19.5	A_1B_3 12.0	A_3B_3 14.3
Ⅲ	A_3B_3 12.0	A_2B_3 21.0	A_1B_3 11.3	A_2B_1 22.8	A_1B_1 20.3	A_3B_2 12.8	A_3B_1 15.8	A_2B_2 17.3	A_1B_2 17.3

◆**成果展示：**

【资料解读】

观察项目：_____；观察单元：_____。
设计方法：_____；重复次数：_____。
试验因素：_____；处理名称：_____。
总体：_____个，即_____。
样本：_____个，即_____。

【统计分析】

方差分析表

变异来源	SS	df	MS	F	$F_{0.05}$	$F_{0.01}$
区组间						
处理间						
A 间						
B 间						
A×B 间						
误差						
总变异						

结论：_____。

多重比较结果：

子任务3-3-4 分析正交设计试验资料

◆**任务清单：**

有一小麦3因素试验，A因素为品种，B因素为播种量，C因素为施肥量，各为3个水平，选用 $L_9(3^4)$ 正交设计，重复2次，采用随机区试验，其表头设计和小区产量如下表，试做方差分析。

处理编号	列号（因素）				小区产量（kg）					
	A	B	C	空列	Ⅰ	Ⅱ	T_t	(T_n)	$\bar{x}_i$	(x_n)
1	1	1	1	1	32	33	(T_1)		(x_1)	
2	1	2	2	2	40	38	(T_1)			(x_2)
3	1	3	3	3	52	48	(T_1)			(x_3)
4	2	1	2	3	50	44	(T_4)			(x_4)
5	2	2	3	1	32	30	(T_5)			(x_5)
6	2	3	1	2	28	30	(T_6)			(x_6)
7	3	1	3	2	48	50	(T_7)			(x_7)
8	3	2	1	3	56	56	(T_8)			(x_8)
9	3	3	2	1	46	48	(T_9)			(x_9)
T_r										

◆**成果展示：**

【资料解读】

观察项目：_____；观察单元：_____。
设计方法：_____；重复次数：_____。
试验因素：_____；处理名称：_____。
总体：_____个，即_____。
样本：_____个，即_____。

【统计分析】

结果描述：

结论：_____。

子任务3-3-5 归纳总结多个样本资料分析的计算方法

◆**任务清单：**

单因素随机区组试验结果分析是最常用的方差分析方法，试根据子任务3-3-2的分析过程，结合自己拥有的计算工具（计算器或电脑软件），归纳整理出单因素随机区组试验结果分析的计算方法步骤。

◆成果展示：

写出单因素随机区组试验结果分析的计算公式及计算工具使用方法：

 相关资讯

资讯 3-3-1　方差分析的基本原理

在试验中，试验因素的水平或水平组合称为试验处理，当试验处理数即样本数 $k \geqslant 3$ 时，如果采用两个样本平均数比较的 t 测验法不仅非常麻烦，对试验误差的估计也很不一致，而且会增大犯 α 错误的概率。因此，分析多个样本平均数的差异显著性，需要采用方差分析法这种更合适的统计方法。方差分析就是将试验数据的总变异分解为不同来源的变异，并做出数量估计，也就是计算各变异来源的方差，并以其中误差方差作为比较的标准，依据 F 分布推断其他变异来源所引起的变异是否真实的一种统计分析方法，从而明确各个来源的变异在总变异中所占的重要程度。

一、资料的整理和变异来源的分析

假设有 k 个处理，每个处理有 n 个观测值，则该资料共有 $m = nk$ 个观测值，其观测值的组成可整理成便于分析的单向表如表 3-3-1，单向表适用于横向分组，纵向不分组的资料，各组观察值的总和与平均数需做计算。

表 3-3-1　每处理具 n 个观测值的 k 组数据的单向表

处理（样本）	观测值					处理总和 T_t	处理平均数 $\bar{x}_t$
	1	2	...	j	...	n		
1	x_{11}	x_{12}	...	x_{1j}	...	x_{1n}	T_{t1}	$\bar{x}_{t1}$
2	x_{21}	x_{22}	...	x_{2j}	...	x_{2n}	T_{t2}	$\bar{x}_{t2}$
⋮	⋮	⋮	⋮	⋮	⋮	⋮	⋮	⋮
i	x_{i1}	x_{i2}	...	x_{ij}	...	x_{in}	T_{ti}	$\bar{x}_{ti}$
⋮	⋮	⋮	⋮	⋮	⋮	⋮	⋮	⋮
k	x_{k1}	x_{k2}	...	x_{kj}	...	x_{kn}	T_{tk}	$\bar{x}_{tk}$
							$T = \sum x$	$\bar{x}$

表 3-3-1 中，i 代表资料中任一样本；j 代表样本中任一观测值；x_{ij} 代表任一样本的任一观测值；T_t 代表处理总和；$\bar{x}_t$ 代表处理平均数；T 代表全部观测值总和；$\bar{x}$ 代表全部观测值的平均数。

这类资料的总变异产生原因有两个方面：一是同一处理不同重复观测值的差异是由偶然

因素影响造成的，称为处理内变异或试验误差，又称组内变异；二是不同处理之间平均数的差异主要是由处理的不同效应所造成，称为处理间变异，又称组间变异。因此，总变异可分解为组内变异和组间变异两部分。

记作：总变异＝组内（处理内）变异＋组间（处理间）变异

二、平方和与自由度的分解

方差是平方和除以自由度的商，要估算各个变异来源的方差，必须将总平方和与自由度分解为各个变异来源的相应部分。

在表 3-3-1 中，总变异是 nk 个观测值的变异，故其自由度 $\nu=nk-1$，而其平方和 SS_T 则为：

$$\sum_{1}^{nk}(x_{ij}-\bar{x})^2 = \sum x^2 - C \qquad (3-3-1)$$

式 3-3-1 中的 C 称为矫正数：

$$C = \frac{(\sum x)^2}{nk} = \frac{T^2}{nk} \qquad (3-3-2)$$

组间的变异即 k 个 $\bar{x}_t$ 的差异，故自由度 $\nu=k-1$，而其平方和 SS_t 为：

$$SS_t = n\sum_{1}^{k}(\bar{x}_t-\bar{x})^2 = \frac{\sum T_t^2}{n} - C \qquad (3-3-3)$$

组内的变异为各组内观测值与组平均数的变异，每组具有自由度 $\nu=n-1$ 与平方和 $\sum_{1}^{n}(x_{ij}-\bar{x}_t)^2$，而资料共有 k 组，故组内自由度 $\nu=k(n-1)$，组内平方和 SS_e 为：

$$SS_e = \sum_{1}^{k}\sum_{1}^{n}(x_{ij}-\bar{x}_t)^2 = SS_1 + SS_2 + \cdots + SS_k$$

因为

$$\sum_{1}^{nk}(x_{ij}-\bar{x})^2 = n\sum_{1}^{k}(\bar{x}_t-\bar{x})^2 + \sum_{1}^{k}\sum_{1}^{n}(x_{ij}-\bar{x}_t)^2$$

即总平方和＝组间（处理间）平方和＋组内（处理内）平方和，记作：$SS_T = SS_t + SS_e$，因此：

$$SS_e = SS_T - SS_t \qquad (3-3-4)$$

同样因为 $nk-1=(k-1)+k(n-1)$，即总自由度＝组间（处理间）自由度＋组内（处理内）自由度，记作：

$$df_T = df_t + df_e$$

求得各变异来源的平方和与自由度后，进而求得各自的均方：

$$\left.\begin{array}{l} \text{总的均方} \quad MS_T = S_T^2 = \dfrac{\sum(x-\bar{x})^2}{nk-1} = \dfrac{SS_T}{df_T} \\[2mm] \text{组间均方} \quad MS_t = S_t^2 = \dfrac{n\sum(\bar{x}_t-\bar{x})^2}{k-1} = \dfrac{SS_t}{df_t} \\[2mm] \text{组内均方} \quad MS_e = S_e^2 = \dfrac{\sum\sum(x-\bar{x}_t)^2}{k(n-1)} = \dfrac{SS_e}{df_e} \end{array}\right\} \qquad (3-3-5)$$

均方又称方差，用 MS 表示，也可用 S^2 表示。其中组内均方 MS_e 是多个处理内均方的加权平均值，而资讯 3-2-2 中 S_e^2 为两样本（处理）均方的加权平均值，故 S_e^2 与 MS_e 意义相同。

【例 3-3-1】设有甲、乙、丙、丁 4 个大豆品种（$k=4$），其中丁为对照，进行大区比较试验，成熟后分别在四块地测产，每块地随机抽样 5 点（$n=5$），每点产量（kg）列于表 3-3-2，试做方差分析。

表 3-3-2 大豆大区抽样产量综合表

品种	样点					T_t	$\bar{x}_t$
	1	2	3	4	5		
甲	35	41	28	38	31	173	34.6
乙	28	22	19	35	29	133	26.6
丙	29	35	34	39	32	169	33.8
丁	25	26	21	27	22	121	24.2
						$T=596$	$\bar{x}=29.8$

1. 资料整理和变异来源分析 将测产结果填入表 3-3-2，并计算各品种产量的总和（T_t）与平均数（$\bar{x}_t$）。明显地，总变异来源于不同品种引起的变异（组间变异）和误差引起的变异（组内变异）两个方面。

2. 平方和与自由度的分解 已知 $n=5$，$k=4$，则 $nk=20$，根据表 3-3-2 资料计算：

$$C = \frac{T^2}{nk} = \frac{596^2}{20} = 17\,760.8$$

$$SS_T = \sum x^2 - C = 18\,512 - 17\,760.8 = 751.2$$

$$df_T = m - 1 = 20 - 1 = 19$$

$$SS_t = \frac{\sum T_t^2}{n} - C = 90\,820/5 - 17\,760.8 = 403.2$$

$$df_t = k - 1 = 4 - 1 = 3$$

$$SS_e = SS_T - SS_t = 751.2 - 403.2 = 348$$

$$df_e = df_T - df_t = 19 - 3 = 16$$

因此，求各变异来源的均方：

$$MS_t = S_t^2 = \frac{SS_t}{df_t} = \frac{403.2}{3} = 134.40$$

$$MS_e = S_e^2 = \frac{SS_e}{df_e} = \frac{348}{16} = 21.75$$

总变异均方 MS_T 无须计算。以上品种内均方 $S_e^2=21.75$ 是 4 个品种内变异的合并均方值，它是表 3-3-2 资料的试验误差方差；品种间均方 $S_t^2=134.40$，则是不同品种产量效应的变异。

三、F 分布与 F 测验

计算出均方后，要应用 F 分布进行 F 测验，进一步测定不同处理的平均数差异是否显著，判断处理间是否存在真实的差别。

1. F 值定义和 F 分布　在一个平均数为 μ，方差为 σ^2 的正态总体中随机抽取两个独立样本，分别计算其均方 S_1^2 和 S_2^2，将 S_1^2 和 S_2^2 的比值定义为 F：

$$F = \frac{S_1^2}{S_2^2}$$

此 F 值具有 S_1^2 的自由度 ν_1 和 S_2^2 的自由度 ν_2。如果在给定的 ν_1 和 ν_2 的情况下，进行一系列随机独立抽样，就可得到一系列的 F 值而形成一个 F 分布，并可制作成 F 分布曲线（图 3-3-1）。

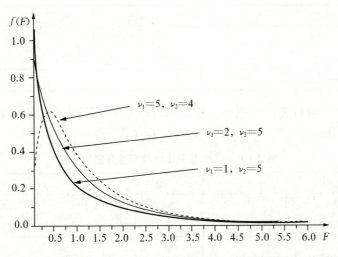

图 3-3-1　ν_1、ν_2 不同的三个 F 分布曲线

F 分布是由 ν_1 和 ν_2 所决定的一系列曲线。在 $\nu_1 \leqslant 2$ 时，曲线严重倾斜，呈反向 J 形。当 $\nu_1 \geqslant 3$ 时，曲线转为偏态。F 分布的平均数 $\mu_F = 1$，其取值范围为 $[0, +\infty)$。F 分布下一定区间的概率可从已制成的统计表查出。

附表 5 是各种 ν_1 和 ν_2 下右尾概率 $\alpha=0.05$ 和 $\alpha=0.01$ 时的临界 F 值。如查附表 5，$\nu_1=5$，$\nu_2=10$ 时，$F_{0.05}=3.33$，$F_{0.01}=5.64$，即表示如以 $\nu_1=5$，$\nu_2=10$ 在一正态总体中连续抽样时，则所得 F 值大于 3.33 的概率仅有 5%，而大于 5.64 的概率仅有 1%。由于 $F_\alpha > 1$，所以在计算 F 值时通常要求 $S_1^2 > S_2^2$，查表时称 ν_1 称为大方差自由度，ν_2 称为小方差自由度。

2. F 测验的方法　F 测验的目的是为了测验处理效应是否确实存在（是否由误差造成）。在进行处理间平均数差异显著性的 F 测验时，把处理均方作分子，把误差均方作分母，即：

$$F = \frac{MS_t}{MS_e} \qquad (3-3-6)$$

F 值可作为判断处理效应是否存在的依据。若纯属误差所致，一次获得 $F \geqslant F_{0.05}$ 的概率 $P \leqslant 0.05$，一次获得 $F \geqslant F_{0.01}$ 的概率 $P \leqslant 0.01$。根据小概率原理，一次获得 $F \geqslant F_{0.05}$，则认为两变因差异显著；一次获得 $F \geqslant F_{0.01}$，则认为两变因差异极显著；若 $F < F_{0.05}$ 则认为差异不显著，即被测变因内各观测值之间的差异属于随机误差，或者说没有本质区别。F 测验方法分三个步骤：

(1) 提出假设，H_0：$\sigma_t^2 \leqslant \sigma_e^2$，处理间变异小于或等于试验误差，差异不显著。对 H_A：

$\sigma_t^2 > \sigma_e^2$,处理间变异大于试验误差,差异显著。

(2) 列方差分析表进行 F 测验,格式如表3-3-3所示。

(3) 推断假设,按概率标准进行推断。$F < F_{0.05}$,$P > 0.05$,接受 H_0,差异不显著;$F \geq F_{0.05}$,$P \leq 0.05$,否定 H_0,接受 H_A,差异显著;$F \geq F_{0.01}$,$P \leq 0.01$,否定 H_0,接受 H_A,差异极显著;如果 $F \leq 1$,不用查表即可判断差异不显著。在实际应用时,为简便起见,提出假设这一步骤也可省略。

表3-3-3 方差分析表

变异来源	SS	df	MS	F	F_α
处理间	SS_t	df_t	$MS_t = SS_t/df_t$	$F_t = MS_t/MS_e$	$\nu_1 = df_t$、$\nu_2 = df_e$
处理内	SS_e	df_e	$MS_e = SS_e/df_e$		查附表5
总变异	$SS_T = SS_t + SS_e$	$df_T = df_t + df_e$			

现对例3-3-1资料进行 F 测验,假设 H_0:$\sigma_t^2 \leq \sigma_e^2$(处理无效应),$H_A$:$\sigma_t^2 > \sigma_e^2$(处理有效应)。列方差分析表(表3-3-4),进行测验计算。

表3-3-4 大豆品比试验产量方差分析表

变异来源	SS	df	MS	F	$F_{0.05}$	$F_{0.01}$
品种间	403.2	3	134.40	6.179**	3.24	5.29
误差	348.0	16	21.75			
总变异	751.2	19				

$F = MS_t/MS_e = 134.40/21.75 = 6.179$,查 F 表 $\nu_1 = 3$,$\nu_2 = 16$ 时,$F_{0.05} = 3.24$,$F_{0.01} = 5.95$,实得 $F = 6.179 > F_{0.01}$,故 $P < 0.01$,差异极显著(F 值右上角一个星号"*"表示显著,二个星号"**"表示极显著)。推断:否定 H_0,接受 H_A,即不同大豆品种间产量差异极显著。

四、多重比较

F 测验是一个整体测验,只表明处理的平均数间差异是否显著,并不表明平均数两两间差异的显著。故在 F 测验结果达到差异显著或差异极显著时,还需进一步做各个处理的平均数之间的差异显著性测验,这种测验称为多重比较。当然,如果 F 测验结果处理间差异不显著,则多重比较也就没有必要进行。多重比较的方法很多,现选其最常用的两种进行介绍。

(一) 最小显著差数法

最小显著差数法,又称 LSD 法。应用 LSD 法进行多重比较时,必须在 F 测验显著的基础上进行,并且各被比的样本平均数在试验前已经指定,因而它们是相互独立的。应用此法时,各试验处理一般是与指定的对照处理进行比较。

LSD 法的步骤如下:

(1) 计算平均数差数标准误 $S_{\bar{x}_1 - \bar{x}_2}$,得:

$$S_{\bar{x}_1 - \bar{x}_2} = \sqrt{\frac{2MS_e}{n}} \qquad (3-3-7)$$

式中:MS_e 为误差均方,n 为样本容量。

(2) 根据误差自由度查 t 值表，查出 t_α 值。

(3) 计算最小显著差数 LSD_α。在 t 测验中已知 $t=(\bar{x}_1-\bar{x}_2)/S_{\bar{x}_1-\bar{x}_2}$，若 $|t|\geqslant t_\alpha$，即 $|\bar{x}_1-\bar{x}_2|\geqslant t_\alpha S_{\bar{x}_1-\bar{x}_2}$ 则差异显著。那么 $t_\alpha S_{\bar{x}_1-\bar{x}_2}$ 便是达到显著标准的最小差数，称最小显著差数，用 LSD_α 表示，故得：

$$LSD_\alpha = t_\alpha S_{\bar{x}_1-\bar{x}_2} \qquad (3-3-8)$$

当 $\alpha=0.05$ 和 0.01 时，LSD 的计算公式分别是：

$$LSD_{0.05}=t_{0.05} \cdot S_{\bar{x}_1-\bar{x}_2}$$
$$LSD_{0.01}=t_{0.01} \cdot S_{\bar{x}_1-\bar{x}_2}$$

(4) 各处理平均数的比较。凡两样本平均数的差数 $\bar{x}_1-\bar{x}_2 < LSD_{0.05}$，$P>0.05$，则两样本平均数的差异不显著；$\bar{x}_1-\bar{x}_2 \geqslant LSD_{0.05}$，$P<0.05$，则差异显著；$\bar{x}_1-\bar{x}_2 \geqslant LSD_{0.01}$，$P<0.01$，则差异极显著。

现对例 3-3-1 资料的各平均数做最小显著差数测验。

$$S_{\bar{x}_1-\bar{x}_2}=\sqrt{\frac{2MS_e}{n}}=\sqrt{\frac{2\times 21.75}{5}}=2.95$$

当误差自由度 $df_e=16$ 时，$t_{0.05}=2.120$，$t_{0.01}=2.921$，故：

$$LSD_{0.05}=2.120\times 2.95=6.254$$
$$LSD_{0.01}=2.921\times 2.95=8.617$$

大豆品种小区产量平均数间的比较，可列成表 3-3-5 形式。

表 3-3-5 大豆品种与对照产量差异比较（LSD 法）

品种	甲	丙	乙	丁（CK）
平均产量	34.6	33.8	26.6	24.2
与对照差异	10.4**	9.6**	2.4	—

比较结果说明品种甲、丙与对照丁产量差异极显著，而品种乙与对照丁产量差异不显著。

（二）新复极差法

新复极差法，又称 SSR 法或 LSR 法，是目前应用比较广泛的一种测验方法，其特点是依平均数大小次序的不同而采用一系列不同的显著标准值。因而就克服了 LSD 法的局限性，可用于所有平均数间的相互比较。其步骤如下：

(1) 计算平均数标准误 $S_{\bar{x}}$，得：

$$S_{\bar{x}}=\sqrt{\frac{MS_e}{n}} \qquad (3-3-9)$$

(2) 根据误差自由度和极差含有平均数的个数 K 查 SSR 表（附表6），K 代表被检极差所包含的平均数的个数。

(3) 计算最小显著极差 LSR_α，得：

$$LSR_\alpha=SSR_\alpha \cdot S_{\bar{x}} \qquad (3-3-10)$$

(4) 各处理平均数间的比较。凡极差 $R<LSR_{0.05}$，$P>0.05$，差异不显著；$R\geqslant LSR_{0.05}$，$P\leqslant 0.05$，差异显著；$R\geqslant LSR_{0.01}$，$P<0.01$，差异极显著。

现将例 3-3-1 资料的各平均数做新复极差测验，得：

$$S_{\bar{x}}=\sqrt{\frac{MS_e}{n}}=\sqrt{\frac{21.75}{5}}=2.09$$

当误差自由度 $\nu=16$，$K=2$，3，4 时查 SSR 表，并依据式 3-3-10 求出最小显著极差 LSR_α 值，列于表 3-3-6。

表 3-3-6 表 3-3-2 资料 LSR 值计算表（SSR 法）

K	2	3	4
$SSR_{0.05}$	3.00	3.15	3.23
$SSR_{0.01}$	4.13	4.34	4.45
$LSR_{0.05}$	6.26	6.58	6.75
$LSR_{0.01}$	8.63	9.07	9.30

推断品种间平均数差异是否显著，要根据极差的 K 数用不同的 LSR_α 进行比较。如本例中，$\bar{x}_A=34.6$，$\bar{x}_C=33.8$，$\bar{x}_B=26.6$，$\bar{x}_D=24.2$，故：

① 品种甲与品种丙比较：$K=2$，$\bar{x}_A-\bar{x}_C=0.8<6.26$，差异不显著；
② 品种甲与品种乙比较：$K=3$，$\bar{x}_A-\bar{x}_B=8.0>6.58$，差异显著；
③ 品种甲与品种丁比较：$K=4$，$\bar{x}_A-\bar{x}_D=10.4>9.30$，差异极显著；
④ 品种丙与品种乙比较：$K=2$，$\bar{x}_C-\bar{x}_B=7.2>6.26$，差异显著；
⑤ 品种丙与品种丁比较：$K=3$，$\bar{x}_C-\bar{x}_D=9.6>9.30$，差异极显著；
⑥ 品种乙与品种丁比较：$K=2$，$\bar{x}_B-\bar{x}_D=2.4<6.26$，差异不显著。

结论：品种甲对品种乙差异显著、对品种丁差异极显著；品种丙对品种乙差异显著、对品种丁差异极显著；其他品种间差异不显著。

（三）多重比较结果的表示方法

1. 梯形表法 将全部平均数从大到小顺次排列，然后算出各平均数间的差数，列成梯形表，如表 3-3-7 所示。

凡达到 $\alpha=0.05$ 水平的差数在右上角标一个"*"号，为差异显著；凡达到 $\alpha=0.01$ 水平的差数在右上角标两个"*"号，为差异极显著；凡未达到 $\alpha=0.05$ 水平的差数则不予标记。

表 3-3-7 表 3-3-2 资料的差异显著性

品种	平均数 $\bar{x}_t$	差 异		
		$\bar{x}_t-24.2$	$\bar{x}_t-26.6$	$\bar{x}_t-33.8$
甲	34.6	10.4**	8.0*	0.8
乙	33.8	9.6**	7.2*	
丙	26.6	2.4		
丁	24.2			

该法虽然十分直观，但因占篇幅较大尤其是处理平均数较多时，所以在科技论文中尽量少应用。

2. 标记字母法 标记字母法的比较方法如下：

首先将全部平均数从大到小依次排列，在最大的平均数上标上字母 a，并将该平均数与以下各平均数相比，凡相差不显著的，都标上字母 a，直至某一个与之相差显著的平均数则标以字母 b（向下过程）。

然后再以该标有 b 的平均数为标准，与上方各个比它大的平均数相比，凡不显著的也一律标以字母 b（向上过程）；再以标有 b 的最大平均数为标准，与以下各未标记的平均数相比，凡不显著的继续标以字母 b，直至某一个与之相差显著的平均数则标以字母 c······

如此重复下去，直至最小的一个平均数有了标记字母且与以上平均数进行了比较为止。这样各平均数间，凡有一个相同标记字母的即为差异不显著，凡没有相同标记字母的即为差异显著。

在实际应用时，往往还需区分 $\alpha=0.05$ 水平上显著和 $\alpha=0.01$ 水平上显著。这时可以用小写字母表示 $\alpha=0.05$ 显著水平，大写字母表示 $\alpha=0.01$ 显著水平。

现对例 3-3-1 资料的测验结果做字母标记。首先列出差异显著表，如表 3-3-8 所示。在表 3-3-8 上将各平均数按大小顺序排列，在 $\alpha=0.05$ 栏内最大平均数处标以 a，在 $\alpha=0.01$ 栏内标以字母 A。

表 3-3-8　表 3-3-2 资料的差异显著性（SSR 法）

品种	平均数 $\bar{x}_i$	差异显著性	
		$\alpha=0.05$	$\alpha=0.01$
甲	34.6	a	A
丙	33.8	a	A
乙	26.6	b	AB
丁	24.2	b	B

现就本例标记说明如下：

(1) 对 $\alpha=0.05$ 显著水平标记，在品种甲所在行（第 1 行）处标上字母 a。

① 甲与丙比：$K=2$，$34.6-33.8=0.8<6.26$，差异不显著，在第 2 行标以 a；
② 甲与乙比：$K=3$，$34.6-26.6=8.0<6.58$，差异显著，在第 3 行标以 b；
③ 乙与丙比：$K=2$，$33.8-26.6=7.2>6.26$，差异显著，不必对第 2 行另标字母；
④ 乙与丁比：$K=2$，$26.6-24.2=2.4<6.26$，差异不显著，在第 4 行标以 b，至此 $\alpha=0.05$ 显著水平标记完毕。

(2) 再对 $\alpha=0.01$ 显著水平标记，在品种甲所在行（第 1 行）处标上字母 A。

① 甲与丙比：$K=2$，$34.6-33.8=0.8<8.63$，差异未达极显著，在第 2 行标 A；
② 甲与乙比：$K=3$，$34.6-26.6=8.0<9.07$，差异未达极显著，在第 3 行继续标 A；
③ 甲与丁比：$K=4$，$34.6-24.2=10.4>9.30$，差异极显著，在第 4 行标以 B；
④ 丁与乙比：$K=2$，$26.6-24.2=2.4<8.63$，差异未达极显著，在第 3 行（乙品种）的字母 A 右方加标字母 B；
⑤ 丁与丙比：$K=3$，$33.8-24.2=9.6>9.07$，差异极显著，不必对第 2 行另标字母。

由表 3-3-7 和表 3-3-8 可清楚看出，在本试验的 4 个品种之间，甲与丁、丙与丁均差异极显著；甲与乙、丙与乙均差异显著；甲与丙、乙与丁均差异不显著。

综上所述，方差分析的基本步骤是：

① 将资料整理为适于方差分析的单向分组表或两向分组表；
② 将总变异平方和与自由度分解为各变异原因的平方和与自由度，并进而算得其均方；
③ 列方差分析表，计算均方比，做出 F 测验，以明了各变异因素的重要程度；
④ 对各平均数进行多重比较。

资讯 3-3-2　完全随机设计试验结果资料的统计分析

完全随机设计是将具有 n 次重复的 k 个处理完全随机地布置到各个试验单元中去的试验方法，没有局部控制的限制，但要求在尽可能一致的环境中进行试验，如温室试验、盆栽试验和实验室试验等。

一、单因素完全随机试验结果资料的分析

（一）处理内观测值数目相等资料的方差分析

【例 3-3-2】进行某一药剂处理黄瓜幼苗的盆栽试验，设有 A、B、C、D 这 4 种不同药剂，E 为对照（未处理），共 5 个处理，每处理 4 盆（每盆 1 株），共 5×4＝20 盆，采用完全随机设计置于同一网室中，处理后两周测量株高（cm），其结果列于表 3-3-9，试测验各处理平均数的差异显著性。

表 3-3-9　黄瓜不同药剂处理的株高　　　　单位：cm

处理	株高观测值（x）				T_t	$\bar{x}_t$
A	16	20	22	14	72	18
B	21	25	23	23	92	23
C	30	28	29	33	120	30
D	25	24	28	23	100	25
E	17	15	12	16	60	15
					$T=444$	$\bar{x}=22.2$

分析和计算步骤：

1. 资料整理和变异来源分析　将试验结果整理成单向表（表 3-3-9），并计算各处理总和（T_t）与平均数（$\bar{x}$）变异来源为不同药剂和试验误差两个部分。

2. 列方差分析表进行 F 测验

（1）平方和与自由度的分解

矫正数：$C=\dfrac{T^2}{nk}=9\,856.8$

总变异：$SS_T = \sum x^2 - C = 10\,502 - 9\,856.8 = 645.2$

$df_T = nk - 1 = 4 \times 5 - 1 = 19$

处理间：$SS_t = \dfrac{\sum T_t^2}{n} - C = 10\,412 - 9\,856.8 = 555.2$

$df_t = k - 1 = 5 - 1 = 4$

误差：$SS_e = SS_T - SS_t = 645.2 - 555.2 = 90.0$

$df_e = k(n-1) = 5 \times (4-1) = 15$

（2）列方差分析表进行 F 测验。假设 $H_0: \sigma_t^2 \leqslant \sigma_e^2$，$H_A: \sigma_t^2 > \sigma_e^2$，$F = MS_t/MS_e =$

$138.8/6.0=92.5$。查 F 表，当 $\nu_1=4$，$\nu_2=15$ 时，$F_{0.05}=3.06$，$F_{0.01}=4.89$，现实得 $F=92.5>F_{0.01}$，故否定 H_0，即处理间平均数差异极显著，应进一步做多重比较。

表 3-3-10　黄瓜不同药剂处理的株高方差分析

变异来源	SS	df	MS	F	$F_{0.05}$	$F_{0.01}$
处理间	555.2	4	138.8	92.5**	3.06	4.89
误　差	90.0	15	6.0			
总变异	645.2	19				

3. 多重比较

（1）不同药剂处理与对照（CK）间平均数比较（LSD 法）

计算均数差数标准误：$S_{\bar{x}_1-\bar{x}_2}=\sqrt{\dfrac{2MS_e}{n}}=\sqrt{\dfrac{2\times 6.0}{4}}=1.732$

查 t 值表，当 $\nu=15$ 时，$t_{0.05}=2.131$，$t_{0.01}=2.947$，得：

$$LSD_{0.05}=t_{0.05}\times S_{\bar{x}_1-\bar{x}_2}=2.131\times 1.732=3.691$$
$$LSD_{0.01}=t_{0.01}\times S_{\bar{x}_1-\bar{x}_2}=2.947\times 1.732=5.104$$

不同药剂与对照间平均数比较如表 3-3-11 所示。

表 3-3-11　不同药剂处理与对照株高差异比较（LSD 法）

处理	C	D	B	A	E（CK）
平均苗高（$\bar{x}_t$）	30	25	23	18	15
与对照差异	15**	10**	8**	3	—

测验结果表明：用药剂 C、D、B 处理黄瓜幼苗后株高与对照 E 有极显著差异；药剂 A 处理后与对照 E 株高差异不显著。

（2）各处理间平均数的比较（LSR 法）

计算平均数标准误：$s_{\bar{x}}=\sqrt{\dfrac{MS_e}{n}}=\sqrt{\dfrac{6.0}{4}}=1.225$

根据 $\nu=15$，查 SSR 表得 $K=2$、3、4、5 时的 $SSR_{0.05}$ 与 $SSR_{0.01}$ 值，将 SSR_α 值分别乘以 $S_{\bar{x}}$ 值，即得 LSR_α 值于表 3-3-12。

表 3-3-12　LSR_α 值计算

K	$SSR_{0.05}$	$SSR_{0.01}$	$LSR_{0.05}$	$LSR_{0.01}$
2	3.01	4.17	3.69	5.11
3	3.16	4.37	3.87	5.35
4	3.25	4.50	3.98	5.51
5	3.31	4.58	4.06	5.61

根据不同 K 值下的 LSR_α 值对不同药剂的平均株高进行多重比较，比较结果如表 3-3-13 所示。

表 3-3-13 不同药剂处理的平均株高差异显著性（LSR 法）

处理	平均株高（$\bar{x}_t$）	差异显著性	
		$\alpha=0.05$	$\alpha=0.01$
C	30	a	A
D	25	b	AB
B	23	b	BC
A	18	c	CD
E（对照）	15	c	D

推断：药剂 C 与 B、A、E 差异极显著；药剂 D 与 A、E 差异极显著；药剂 B 与 E 差异极显著；C 与 D、B 与 A 差异显著；其他处理间差异均不显著。

（二）处理内观测值数目不相等资料的方差分析

处理内观测值数目不相等资料方差分析的原理、步骤与处理内观测值数目相等的完全相同，不同的是各处理的样本容量 n_i 不等（即 $n_1 \neq n_2 \neq \cdots \neq n_i \neq \cdots \neq n_k$），以 n_i 表示任一样本的样本容量，则该试验资料共有 $\sum_{i}^{k} n_i$ 个观测值。在方差分析时，有关公式因 n_i 不同而需做相应改变。

【例 3-3-3】 调查某苹果品种短枝型 1、2 号与普通型、小老树枝条节间的平均长度（cm），每类型样点数不等，调查资料列于表 3-3-14，试测验不同类型树枝条节间长度的差异显著性。

表 3-3-14 某苹果品种不同类型树枝条节间长度　　　　单位：cm

类型	样点											T_t	$\bar{x}_t$	n_i
	1	2	3	4	5	6	7	8	9	10	11			
短枝 1 号	1.7	1.8	1.8	1.6	1.7	1.8	1.9	1.8	1.8	1.8		17.7	1.77	10
短枝 2 号	1.9	1.7	1.6	1.8	1.8	1.8	1.8	1.7	1.9			16.0	1.78	9
普通型	2.2	2.3	2.4	2.5	2.4	2.4	2.4	2.3	2.2	2.2	2.2	25.5	2.32	11
小老树	1.4	1.5	1.4	1.3	1.6	1.7						8.9	1.48	6
												$T=68.1$	$\bar{x}=1.89$	$\sum n_i = 36$

分析和计算步骤：

1. 资料的整理和变异来源的分析 将调查资料整理并计算列于单向分组表 3-3-14，总变异来源于不同类型枝条和误差变异两个方面。

2. 列方差分析表进行 F 测验

（1）平方和与自由度的分解。

$$C = \frac{T^2}{\sum n_i} = \frac{68.1^2}{36} = 128.8225$$

$$SS_T = \sum x^2 - C = 132.45 - 128.8225 = 3.6275$$

$$df_T = \sum n_i - 1 = 36 - 1 = 35$$

$$SS_t = \sum \left(\frac{T_t^2}{n_i}\right) - C = \frac{17.7^2}{10} + \frac{16.0^2}{9} + \frac{25.5^2}{11} + \frac{8.9^2}{6} - 128.8225 = 3.2663$$

$$df_t = k - 1 = 4 - 1 = 3$$

$$SS_e = SS_T - SS_t = 3.6275 - 3.2663 = 0.3612$$

$$df_e = \sum n_i - k = 36 - 4 = 32$$

类型间均方:$MS_t = \frac{SS_t}{df_t} = 1.0888$

误差均方:$MS_e = \frac{SS_e}{df_e} = \frac{0.3627}{32} = 0.0113$

(2) 列方差分析表进行 F 测验。

表 3-3-15　表 3-3-14 资料方差分析

变异来源	SS	df	MS	F	$F_{0.05}$	$F_{0.01}$
类型间	3.2663	3	1.0888	96.442**	2.90	4.46
误差	0.3612	32	0.0113			
总变异	3.6275	35				

$F = MS_t/MS_e = 1.087/0.012 = 90.58$,查 F 表,当 $\nu_1 = 3$, $\nu_2 = 32$ 时,$F_{0.05} = 2.90$, $F_{0.01} = 4.46$,现实得 $F = 90.58 > F_{0.01}$,$P < 0.01$,故否定 H_0,即不同类型树枝条节间长度间差异极显著。

3. 多重比较　由于各处理的重复数不同,可先算得各 n_i 的平均数 n_0。

$$n_0 = \frac{(\sum n_i)^2 - \sum n_i^2}{(\sum n_i)(k-1)} = \frac{36^2 - (10^2 + 9^2 + 11^2 + 6^2)}{36 \times (4-1)} = 8.87 \approx 9 \quad (3-3-11)$$

然后有:

$$S_{\bar{x}} = \sqrt{\frac{MS_e}{n_0}} = \sqrt{\frac{0.012}{9}} = 0.037 \quad (3-3-12)$$

因 $df_e = 32$,按 $\nu = 30$ 查 SSR 值表得 $k = 2$、3、4 时的 SSR_α 值,将 SSR_α 值分别乘以 $S_{\bar{x}}$ 值,即得 LSR_α 值于表 3-3-16。由 LSR_α 值对 4 种类型果树枝条节间长度进行差异显著性测验的结果列于表 3-3-17。

表 3-3-16　LSR 值计算

k	$SSR_{0.05}$	$SSR_{0.01}$	$LSR_{0.05}$	$LSR_{0.01}$
2	2.89	3.89	0.107	0.144
3	3.04	4.06	0.112	0.150
4	3.12	4.16	0.115	0.154

表 3-3-17 某苹果品种不同类型树枝条节间长度差异表（LSR 法）

类型	节间长度（$-x_t$）	差异显著性	
		$\alpha=0.05$	$\alpha=0.01$
普通型	2.32	a	A
短枝 2 号	1.78	b	B
短枝 1 号	1.77	b	B
小老树	1.48	c	C

推断：除短枝型 1 号与 2 号无差异外，其他类型之间差异都极显著。普通型枝条节间最长，小老树枝条节间最短。

二、两因素完全随机试验结果资料的分析

设有 A 和 B 两个因素，各具有 a 和 b 个水平，则有 $k=ab$ 个处理组合（处理）。采用完全随机设计，重复 r 次，共有 abr 个观察值。总变异可以分解为处理间变异和处理内（试验误差）变异，因此有：

总平方和＝处理间平方和＋处理内（试验误差）平方和，即：

$$SS_T = SS_t + SS_e$$

总自由度＝处理间自由度＋处理内（试验误差）自由度，即：

$$df_T = df_t + df_e$$

由于处理是由 A 和 B 两个因素不同水平的组合，因此处理间变异又可分解为 A 因素水平间差异（A）、B 因素水平间差异（B）和 A 与 B 的交互作用（A×B）三部分。因此处理间平方和及自由度可进一步分解：

处理间平方和＝A 因素平方和＋B 因素平方和＋A 与 B 互作平方和，即：

$$SS_t = SS_A + SS_B + SS_{A \times B}$$

处理间自由度＝A 因素自由度＋B 因素自由度＋A 与 B 互作自由度，即：

$$df_t = df_A + df_B + df_{A \times B}$$

现将两因素完全随机试验结果分析时平方和与自由度计算公式列于表 3-3-18。

表 3-3-18 两因素完全随机试验平方和与自由度分解

变异来源	df	SS
处理间	$ab-1$	$r\sum_1^{ab}(\bar{x}_t-\bar{x})^2 = \dfrac{\sum T_t^2}{r} - C$
A 因素	$a-1$	$rb\sum_1^b(\bar{x}_A-\bar{x})^2 = \dfrac{\sum T_A^2}{rb} - C$
B 因素	$b-1$	$ra\sum_1^b(\bar{x}_B-\bar{x})^2 = \dfrac{\sum T_B^2}{ra} - C$
A×B	$(a-1)(b-1)$	$r\sum_1^{ab}(\bar{x}_t-\bar{x}_A-\bar{x}_B+\bar{x})^2 = SS_t - SS_A - SS_B$
处理内（误差）	$(r-1)(ab-1)$	$\sum^{rab}(x-\bar{x}_t)^2 = SS_T - SS_t$
总变异	$rab-1$	$\sum^{rab}(x-\bar{x})^2 = \sum x^2 - C$

注：式中 x 代表任意一个观察值，$\bar{x}_t$ 为任意一个处理平均数，$\bar{x}_A$、$\bar{x}_B$ 分别为 A 因素和 B 因素某一水平平均数，$\bar{x}$ 为试验资料的总平均数。

分析试验结果 项目 3

【例 3-3-4】 4 种肥料 A_1、A_2、A_3、A_4 施用于 3 种土壤 B_1、B_2、B_3，以小麦为指示作物，每处理组合 3 盆，得其产量（g）如表 3-3-19 所示，试做方差分析。

分析和计算步骤：

1. 资料的整理　将试验结果资料整理成单向表（表 3-3-19），并计算各处理观察值的总和 T_t 与平均数 $\bar{x}_t$。然后，根据各处理总和数 T_t 填入肥料种类（A）和土壤种类（B）两向表（表 3-3-20），并计算各组总和与 A、B 两因素各水平的平均数。

表 3-3-19　4 种肥料施用于 3 种土壤的小麦产量　　单位：g

处理（水平组合）	盆数 1	盆数 2	盆数 3	T_t	$\bar{x}_t$
A_1B_1	12.0	14.2	12.1	38.3	12.77
A_1B_2	13.0	13.7	12.0	38.7	12.90
A_1B_3	13.3	14.0	13.9	41.2	13.73
A_2B_1	12.8	13.8	13.7	40.3	13.43
A_2B_2	14.2	13.6	13.3	41.1	13.70
A_2B_3	12.0	14.6	14.0	40.6	13.53
A_3B_1	21.4	21.2	20.1	62.7	20.90
A_3B_2	19.6	18.8	16.4	54.8	18.27
A_3B_3	17.6	16.6	17.5	51.7	17.23
A_4B_1	15.3	14.1	14.9	44.3	14.77
A_4B_2	13.1	12.7	13.8	39.6	13.20
A_4B_3	14.5	15.1	13.8	43.4	14.47

表 3-3-20　肥料种类（A）和土壤种类（B）两向表

肥料种类＼土壤种类	B_1	B_2	B_3	T_A	$\bar{x}_A$
A_1	38.3	38.7	41.2	118.2	13.12
A_2	40.3	41.1	40.6	122.0	13.56
A_3	62.7	54.8	51.7	169.2	18.80
A_4	44.3	39.6	43.4	127.3	14.14
T_B	185.6	174.2	176.9	$T=536.7$	
$\bar{x}_B$	15.47	14.52	14.74		

2. 列方差分析表进行 F 测验

（1）平方和与自由度的分解

① 根据表 3-3-19 和计算各变异来源的平方和及自由度，平方和计算如下：

已知 $a=4$，$b=3$，$r=3$，$k=ab=12$

$$C = \frac{T^2}{rab} = \frac{536.7^2}{3\times 4\times 3} = 8\,001.30$$

$$SS_t = \sum x^2 - C = 8\,233.95 - 8001.30 = 232.65$$

$$df_T = rab - 1 = 36 - 1 = 35$$

$$SS_t = \frac{\sum T_t^2}{r} - C = 8\,215.04 - 8\,001.30 = 213.74$$

$$df_t = ab - 1 = 12 - 1 = 11$$

$$SS_e = SS_T - SS_t = 232.65 - 213.74 = 18.91$$

$$df_e = df_T - df_t = 35 - 11 = 24$$

② 根据表 3-3-20 对 $SS_t = 213.74$ 进行进一步分解：

$$SS_A = \frac{\sum T_A^2}{rb} - C = 8\,187.69 - 8\,001.30 = 186.39$$

$$df_A = a - 1 = 4 - 1 = 3$$

$$SS_B = \frac{\sum T_B^2}{ra} - C = 8\,007.22 - 8\,001.30 = 5.92$$

$$df_B = b - 1 = 3 - 1 = 2$$

$$SS_{A \times B} = SS_t - SS_A - SS_B = 213.74 - 186.39 - 5.92 = 21.43$$

$$df_{A \times B} = df_t - df_A - df_B = 11 - 3 - 2 = 6$$

（2）列方差分析表　将以上计算结果填入表 3-3-21 中，并计算各项 MS 值，进而进行 F 测验，F 值的分母方差为误差方差，分子方差为其他各项变异的方差。

表 3-3-21　肥料种类与土壤种类二因素试验的方差分析表

变异来源	SS	df	MS	F	$F_{0.05}$	$F_{0.01}$
处理（组合）间	213.74	11	19.43	24.66**	2.22	
肥料种类间（A）	186.39	3	62.13	78.85**	3.01	3.09
土壤种类间（B）	5.92	2	2.96	3.76*	3.40	4.72
肥料种类（A）×土壤种类（B）	21.43	6	3.57	4.53**	2.51	5.61
试验误差	18.91	24	0.788			3.67
总变异	232.65	35				

F 测验结果说明：不同肥料种类间以及肥料种类和土壤种类的互作差异都是极显著，均需做多重比较。而土壤种类间虽差异著，但达不到极显著，也可在显著水平下做多重比较，下面省略土壤种类间的比较，仅就各肥料种类和处理组合平均数做多重比较。

3. 多重比较

（1）各肥料种类平均数的比较（LSR 法）

$$S_{\bar{x}} = \sqrt{\frac{MS_e}{rb}} = \sqrt{\frac{0.788}{3\times 3}} = 0.296$$

查 SSR 值表，当 $\nu=24$，$K=2$、3、4 时的 SSR_α 值，并根据公式 $LSR_\alpha = S_{\bar{x}} \times SSR_\alpha$ 计算出各 LSR_α 值列于表 3-3-22。

表 3-3-22　不同肥料种类平均数比较的 LSR 值

K	2	3	4
$SSR_{0.05}$	2.92	3.07	3.15
$SSR_{0.01}$	3.96	4.14	4.24
$LSR_{0.05}$	0.86	0.91	0.93
$LSR_{0.01}$	1.17	1.23	1.26

根据表 3-3-22 的 LSR_α 值，对四种肥料间差异显著性进行测验，其结果列于表 3-3-23。

表 3-3-23　不同肥料种类间平均数的差异显著性

肥料种类	平均数（$\bar{x}_A$）	差异显著性 5%	差异显著性 1%
A_3	18.80	a	A
A_4	14.14	b	B
A_2	13.56	bc	B
A_1	13.12	c	B

由表 3-3-23 可见，肥料 A_3 与 A_4、A_2、A_1 均有极显著差异；A_4 与 A_1 差异显著；但 A_4 与 A_2、A_2 与 A_1 无显著差异。

（2）各处理组合平均数的比较（LSR 法）。F 测验说明，肥料种类与土壤种类的互作极显著，说明各处理组合的效应不是各因素效应的简单相加，而是肥料种类效应受土壤种类的影响，反之亦然；所以宜进一步比较各处理组合的平均数，用新复极差测验法，求得：

$$S_{\bar{x}} = \sqrt{\frac{MS_e}{r}} = \sqrt{\frac{0.788}{3}} = 0.513$$

查 SSR 值表，当 $\nu=24$ 时，得 $K=2$、3、4、…、12 的 SSR_α 值，并根据公式 $LSR_\alpha = S_{\bar{x}} \times SSR_\alpha$ 计算出各 LSR_α 值列于表 3-3-24，再根据此 LSR_α 值对各处理组合平均数之间进行比较，其结果列于表 3-3-25。

表 3-3-24　表 3-3-19 资料的 LSR 值表

K	2	3	4	5	6	7	8	9	10	11	12
$SSR_{0.05}$	2.92	3.07	3.15	3.22	3.28	3.31	3.34	3.37	3.38	3.40	3.41
$SSR_{0.01}$	3.96	4.14	4.24	4.33	4.39	4.44	4.49	4.53	4.57	4.60	4.62
$LSR_{0.05}$	1.49	1.57	1.62	1.65	1.68	1.70	1.71	1.73	1.73	1.74	1.75
$LSR_{0.01}$	2.03	2.12	2.18	2.22	2.25	2.28	2.30	2.32	2.34	2.36	2.37

表 3-3-25 各处理组合间的差异显著性测验（LSR 法）

处　理	$\bar{x}_t$	差异显著性	
		5%	1%
A_3B_1	20.90	a	A
A_3B_2	18.27	b	B
A_3B_3	17.23	b	BC
A_4B_1	14.77	cd	C
A_4B_3	14.47	cd	C
A_1B_3	13.73	cd	C
A_2B_2	13.70	cd	C
A_2B_3	13.53	cd	C
A_2B_1	13.43	cd	C
A_4B_2	13.20	cd	C
A_1B_2	12.90	d	C
A_1B_1	12.77	d	C

结果表明，A_3B_1 处理组合的产量极显著，并高于其他处理组合；其次 A_3B_2 和 A_3B_3，它们之间并无显著差异，但极显著地高于除 A_3B_1 外的其他处理组合；再次 A_4B_1 处理组合，显著地高于 A_1B_2 和 A_1B_1；其余处理组合间均无显著差异。

试验结论：肥料 A_3 对小麦增产效果最好，土壤种类间则无显著差异；但 A_3 肥料施于 B_1 土壤种类（A_3B_1 处理组合）比施于其他土壤上的增产极显著。

资讯 3-3-3 随机区组设计试验结果资料的统计分析

一、单因素随机区组设计试验结果分析

随机区组试验设计是把试验各处理随机排列在一个区组中，区组内条件基本上是一致的，区组间可以有适当的差异。它相当于一个试验因素，可以从误差中扣除出来，因而降低试验误差以提高试验结果的精确性。总变异除可分解为组间（处理间）和组内（处理内）变异两部分外，组内差异还可分解为区组间变异和试验误差变异两部分。

设有 k 个处理、n 个区组，则其平方和分解公式如下：

$$\sum_1^k \sum_1^n (x-\bar{x})^2 = k\sum_1^n (\bar{x}_r - \bar{x})^2 + n\sum_1^k (\bar{x}_t - \bar{x})^2 + \sum_1^k \sum_1^n (x - \bar{x}_r - \bar{x}_t + \bar{x})^2$$

即总平方和（SS_T）=区组平方和（SS_r）+处理平方和（SS_t）+误差平方和（SS_e）。

式中：x 表示各小区产量（或其他形状），$\bar{x}_r$ 表示区组平均数，$\bar{x}_t$ 表示处理平均数，$\bar{x}$ 表示全试验平均数。

自由度分解公式为：

$$nk-1=(n-1)+(k-1)+(n-1)(k-1)$$

即总自由度（df_T）=区组自由度（df_r）+处理自由度（df_t）+误差自由度（df_e）。

【例 3-3-5】有一包括 A、B、C、D、E、F、G 这 7 个小麦品种的品种比较试验，G 为对照品种，随机区组设计，重复 3 次，小区计产面积 30 m²，其产量（kg）结果如图

3-3-2所示，试做分析。

	B	D	E	C	A	G	F
Ⅰ	15.1	12.7	16.5	15.5	14.0	15.3	14.1

	E	A	G	B	F	D	C
Ⅱ	19.5	16.1	12.8	17.2	14.8	15.0	17.5

	G	C	D	A	E	F	B
Ⅲ	17.1	14.7	14.1	19.7	23.5	16.5	19.6

图 3-3-2 小麦品种比较试验田间排列及产量

1. 资料整理和变异来源的分析 将图 3-3-2 资料整理为区组与产量两向表（表 3-3-26），计算各处理观察值的总和 T_t 和平均数 $\bar{x}_t$ 以及各区组的总和 T_r。总变异可以分解为品种（处理）间变异、区组间变异和试验误差三个部分。

表 3-3-26 小麦品种比较试验产量结果　　　　　　　　　　　单位：kg

处理	区　组			T_t	$\bar{x}_t$
	Ⅰ	Ⅱ	Ⅲ		
A	14.0	16.1	19.7	49.8	16.6
B	15.1	17.2	19.6	51.9	17.3
C	15.5	17.5	14.7	47.7	15.9
D	12.7	15.0	14.1	41.8	13.9
E	16.5	19.5	23.5	59.5	19.8
F	14.1	14.8	16.5	45.4	15.1
G	15.3	12.8	17.1	45.2	15.1
T_r	103.2	112.9	125.2	$T=341.3$	$\bar{x}=16.3$

2. 列方差分析表进行 F 测验

（1）平方和及自由度的分解。已知 $k=7$，$n=3$，计算各变异来源的平方和及自由度：

矫正数：$C = \dfrac{T^2}{nk} = \dfrac{341.3^2}{3 \times 7} = 5\,546.94$

总变异：$SS_T = n \sum_1^{nk} x^2 - C = 5\,684.19 - 5\,546.94 = 137.25$

$df_T = nk - 1 = 3 \times 7 - 1 = 20$

品种间：$SS_t = n \sum_1^k (\bar{x}_t - \bar{x})^2 = \dfrac{\sum T_t^2}{n} - C = \dfrac{16\,840.63}{3} - 5\,546.94 = 66.60$

$df_t = k - 1 = 7 - 1 = 6$

区组间：$SS_r = k \sum_1^n (\bar{x}_r - \bar{x})^2 = \dfrac{\sum T_r^2}{k} - C = \dfrac{39\,071.69}{7} - 5\,546.94 = 34.73$

$$df_r = n - 1 = 3 - 1 = 2$$

误差：$SS_e = SS_T - SS_r - SS_t = 137.25 - 34.73 - 66.60 = 35.92$

$$df_e = df_T - df_t - df_r = 20 - 6 - 2 = 12$$

(2) F 测验。将以上结果填入方差分析表（表 3-3-27），算得各类变异来源的 MS 值，并以误差方差为分母方差计算 F 值，查附表 5 进行 F 测验。

表 3-3-27　小麦品种比较试验产量结果的方差分析

变异来源	SS	df	MS	F	$F_{0.05}$	$F_{0.01}$
区组间	34.73	2	17.37	5.81*	3.89	6.39
品种间	66.60	6	11.10	3.71*	3.00	4.82
误差	35.92	12	2.99			
总变异	137.25	20				

对区组间 MS 做 F 测验，结果表明 3 个区组间的土壤肥力有显著差异，区组控制是有效的，如果不进行区组设计，没有局部控制，误差就大。在试验中，区组作为减少误差的手段，一般不做 F 测验。对品种间 MS 做 F 测验，结果表明 7 个品种的总体平均数间有显著差异。需进一步做多重比较，以明了哪些品种间有显著差异，哪些品种间没有显著差异。

3. 多重比较

(1) 最小显著差数法（LSD 法）。根据品种比较试验要求，各供试品种可分别与对照品种进行比较，此时宜采用 LSD 法。首先计算品种间平均数差数的标准误：

$$S_{\bar{x}_1 - \bar{x}_2} = \sqrt{\frac{2MS_e}{n}} = \sqrt{\frac{2 \times 2.99}{3}} = 1.41$$

根据 $\nu = 12$，查 t 值表得 $t_{0.05} = 2.179$，$t_{0.01} = 3.055$，故：

$$LSD_{0.05} = 1.41 \times 2.179 = 3.07 \text{（kg）}$$
$$LSD_{0.01} = 1.41 \times 3.055 = 4.31 \text{（kg）}$$

对各品种与对照品种（G）的差数进行比较，其显著性列于表 3-3-28。

表 3-3-28　各品种与对照的产量差异显著性

品种	小区平均产量	与 G (CK) 差异
E	19.8	4.7**
B	17.3	2.2
A	16.6	1.5
C	15.9	0.8
F	15.1	0
G (CK)	15.1	0
D	13.9	-1.2

从表 3-3-28 可以看出，仅有品种 E 比对照品种增产极显著，其余品种与对照比较均没有显著差异。

(2) 最小显著极差法（LSR 法）。如果不仅要测验品种和对照相比的差异显著性，还要测验各品种间相互比较的差异显著性，则应该应用 LSR 法。

① 计算品种间平均数标准误 $S_{\bar{x}}$，即：

$$S_{\bar{x}}=\sqrt{\frac{MS_e}{n}}=\sqrt{\frac{2.99}{3}}=0.9983\text{（kg）}$$

查 SSR 值表，当 $\nu=12$，$K=2$、3、…、7 时的 SSR_α 值，并根据公式 $LSR_\alpha=S_{\bar{x}} \times SSR_\alpha$ 计算出各 LSR_α 值列于表 3-3-29。

表 3-3-29 最小显著极差法测验的 LSR_α 值

K	2	3	4	5	6	7
$SSR_{0.05}$	3.08	3.23	3.33	3.36	3.40	3.42
$SSR_{0.01}$	4.32	4.55	4.68	4.76	4.84	4.92
$LSR_{0.05}$	3.08	3.23	3.33	3.36	3.40	3.42
$LSR_{0.01}$	4.32	4.55	4.68	4.76	4.84	4.92

② 用字母标记法以表 3-3-30 的 LSR_α 衡量不同品种间产量差异显著性将比较结果列于表 3-3-30。

表 3-3-30 差异显著性测验结果

品种	$\bar{x}_t$	差异显著性	
		5%	1%
E	19.8	a	A
B	17.3	ab	AB
A	16.6	abc	AB
C	15.9	bc	AB
F	15.1	bc	AB
G	15.1	bc	AB
D	13.9	b	B

结果表明：E 品种与 C、F、G、D 这 4 个品种和 B 与 D 品种达到 5% 水平的显著差异；E 品种与 D 品种达到 1% 水平的显著差异，其余品种间均无显著差异。

二、二因素随机区组设计试验结果分析

设有 A 和 B 两个因素，各具有 a 和 b 个水平，则有 $k=ab$ 个处理组合（处理）。采用随机区组设计，重复 r 次，共有 abr 个观察值。随机区组设计的变异与完全随机相比多了一项区组变异，因此其变异分解如下：

总变异＝处理间变异＋区组间变异＋误差变异

其中，处理间变异＝A 因素间变异＋B 因素间变异＋A×B 互作变异。

【例 3-3-6】现对苹果新品种进行氮肥用量试验。苹果新品种为 A，有 3 个水平，A_1 为甲品种，A_2 为乙品种，A_3 为丙品种。氮肥用量为 B，有 4 个水平，B_1 为不施氮肥，B_2 为低氮（增氮低水平），B_3 为中氮，B_4 为高氮。全试验共有 12 个处理组合，随机区组设计，采用单株小区，重复 3 次，调查第三年果实产量（kg/株）列于表 3-3-31，试做分析。

表 3-3-31 苹果新品种施肥试验区组与处理两向表

处理 \ 区组	Ⅰ	Ⅱ	Ⅲ	T_t	$\bar{x}_t$
A_1B_1	40	41	39	120	40.00
A_1B_2	43	44	42	129	43.00
A_1B_3	46	47	44	137	45.67
A_1B_4	43	42	46	131	43.67
A_2B_1	36	36	38	110	36.67
A_2B_2	48	44	42	134	44.67
A_2B_3	44	49	49	142	47.33
A_2B_4	46	41	40	127	42.33
A_3B_1	30	34	38	102	34.00
A_3B_2	40	42	50	132	44.00
A_3B_3	64	52	60	176	58.67
A_3B_4	44	44	36	124	41.33
T_r	524	516	524	$T=1\,564$	$\bar{x}=43.44$

1. 资料整理 将调查结果填入表 3-3-31 中，计算出各区组总和 T_r，各处理总和 T_t 及平均数 $\bar{x}_t$。然后根据各处理总和数做品种和施肥量两向分组整理成表 3-3-32。总变异分为处理间变异和处理内变异，其中处理间变异分解为 A 因素（品种间）、B 因素（施氮量间）和品种×施氮量的互作；处理内变异可分解为区组间和误差。因此，总变异可分解为 5 个部分的变异。

表 3-3-32 品种（A）和施氮量（B）两向表

品种 \ 施肥量	B_1	B_2	B_3	B_4	T_A	$\bar{x}_A$
A_1	120	129	137	131	517	43.08
A_2	110	134	142	127	513	42.75
A_3	102	132	176	124	534	44.50
T_B	332	395	455	382	$T=1\,564$	
$\bar{x}_B$	36.89	43.89	50.56	42.44		

2. 列方差分析进行 F 测验

（1）平方和与自由度的分解

① 根据表 3-3-32 和表 3-3-33 整理结果计算各变异来源的平方和及自由度，结果如下：

$$C=\frac{T^2}{rab}=\frac{1\,564^2}{3\times 3\times 4}=67\,947.11$$

总变异：$SS_T=\sum x^2-C=69\,448-67\,947.11=1\,500.89$

$df_T=rab-1=35$

处理间：$SS_t=\frac{\sum T_t^2}{r}-C=\frac{207\,500}{3}-67\,947.11=1\,219.56$

$$df_t = ab - 1 = 11$$

区组间：$SS_r = \dfrac{\sum T_r^2}{ab} - C = \dfrac{815\,408}{3 \times 4} - 67\,947.11 = 3.56$

$$df_r = r - 1 = 2$$

误差：$SS_e = SS_T - SS_r - SS_t = 1\,500.89 - 3.56 - 1\,219.56 = 277.77$

$$df_e = df_T - df_t - df_r = 22$$

② 依据表 3-3-32，对处理间变异再进行进一步分解：

A 因素间：$SS_A = \dfrac{\sum T_A^2}{rb} - C = \dfrac{815\,614}{3 \times 4} - 67\,947.11 = 20.72$

$$df_A = a - 1 = 2$$

B 因素间：$SS_B = \dfrac{\sum T_B^2}{ra} - C = \dfrac{619\,198}{3 \times 3} - 67\,947.11 = 852.67$

$$df_B = b - 1 = 3$$

A×B 间：$SS_{AB} = SS_t - SS_A - SS_B = 1\,219.56 - 0.72 - 852.67 = 346.17$

$$df_{AB} = df_t - df_A - df_B = 6$$

（2）F 测验。将以上结果填入方差分析表（表 3-3-33），算得各类变异来源的 MS 值，并以误差方差为分母方差计算 F 值，查附表 5 进行 F 测验。

表 3-3-33　苹果品种与施氮量二因素随机完全区组试验的方差分析

变异来源	SS	df	MS	F	$F_{0.05}$	$F_{0.01}$
区组间	3.56	2	1.78	<1		
处理间	1 219.56	11	110.87	8.78**	3.26	3.18
品种	20.72	2	10.36	<1	3.44	5.72
施氮量	852.67	3	284.22	22.50**	3.00	4.82
品种×施氮量	346.17	6	57.70	4.57**	2.55	3.75
误差	277.77	22	12.63			
总变异	1 500.89	35				

F 测验结果说明：区组间、品种间差异不显著，而处理间、施氮量间、品种×施氮量间的差异极显著。由此说明，不同的施肥用量对苹果产量影响不同，而不同苹果品种对氮肥用量又有不同的要求，所以需进一步做氮肥用量间、品种×施氮量间差异显著性测验。处理间差异体现在各个试验因素和因素的交互作用，一般不必另行对处理间进行多重比较。

3. 多重比较

（1）施氮量间比较（LSR 法）

$$S_{\bar{x}} = \sqrt{\dfrac{MS_e}{ra}} = \sqrt{\dfrac{12.63}{3 \times 3}} = 1.184\,6$$

查 SSR 值表，当 $\nu = 22$，$K = 2、3、4$ 时的 SSR_α 值，并根据公式 $LSR_\alpha = S_{\bar{x}} \times SSR_\alpha$ 计算出各 LSR_α 值列于表 3-3-34。

表 3-3-34　不同施氮量间比较的 LSR 值

K	2	3	4
$SSR_{0.05}$	2.93	3.08	3.17
$SSR_{0.01}$	3.99	4.17	4.28
$LSR_{0.05}$	3.46	3.63	3.74
$LSR_{0.01}$	4.71	4.92	5.05

根据表 3-3-34 的 LSR_α 值，对四种施氮量间的产量差异进行显著性测验，其结果列于表 3-3-35。

表 3-3-35　不同施氮量间平均产量的差异显著性

施氮量	$\bar{x}_B$	差异显著性	
		5%	1%
B_3	50.56	a	A
B_2	43.81	b	B
B_4	42.44	b	B
B_1	36.89	c	C

表 3-3-35 说明，三种施氮量的产量均极显著高于不施氮（B_1）的产量；在增施氮肥的过程中，中氮肥的产量极显著高于低氮量和高氮量的产量，高氮量和低氮量之间的产量差异不显著，说明适当的施氮量才是高产的关键。

（2）品种×施氮量的互作间比较。F 测验说明，品种与施氮量的交互作用极显著，表明不同品种的适宜施肥量是不同的，需以各水平组合（处理）的小区平均数进行比较。

$$S_{\bar{x}} = \sqrt{\frac{MS_e}{r}} = \sqrt{\frac{12.63}{3}} = 2.0518$$

查 SSR 值表，当 $\nu=22$ 时，得 $K=2、3、\cdots、12$ 的 SSR_α 值，并根据公式 $LSR_\alpha = S_{\bar{x}} \times SSR_\alpha$ 计算出各 LSR_α 值列于表 3-3-36。

表 3-3-36　表 3-3-32 资料的 LSR 值表

K	2	3	4	5	6	7	8	9	10	12
$SSR_{0.05}$	2.93	3.08	3.17	3.24	3.29	3.32	3.35	3.37	3.39	3.42
$SSR_{0.01}$	3.99	4.17	4.28	4.36	4.42	4.48	4.53	4.57	4.60	4.65
$LSR_{0.05}$	6.01	6.13	6.50	6.64	6.74	6.81	6.87	6.91	6.95	7.01
$LSR_{0.01}$	8.18	8.55	8.77	8.94	9.06	9.18	9.39	9.37	9.43	9.53

进行互作效应间的多重比较，可以比较全部处理（水平组合）的平均数；也可将每一个品种的四种施氮量之间进行比较。现将这两种比较方法分别介绍如下：

① 不同处理间的产量比较。根据表 3-3-36 的 LSR_α 值，对每一处理的小区平均产量进行比较，其结果列于表 3-3-37。

表 3-3-37　各处理组合间的差异显著性测验（SSR 法）

处理	$\bar{x}_t$	差异显著性	
		5%	1%
A_3B_3	58.67	a	A
A_2B_3	47.33	b	A
A_1B_3	45.67	bc	BC
A_2B_2	44.67	bc	BC
A_3B_2	44.00	bc	BC
A_1B_4	43.67	bc	BC
A_1B_2	43.00	bcd	BCD
A_2B_4	42.33	bcd	BCD
A_3B_4	41.33	bcd	BCD
A_1B_1	40.00	cde	BCD
A_2B_1	36.67	de	CD
A_3B_1	34.00	e	D

表 3-3-37 测验结果表明，A_3 品种（丙品种）在中施氮量（B_3）水平条件下产量最高，为最优组合，该处理组合极显著优于其他各处理组合。

② 各品种不同施氮量间的产量比较。根据表 3-3-36 的 LSR_a 值，对每一品种的四种施氮量之间进行小区平均产量比较，其结果列于表 3-3-38。

表 3-3-38　各品种的不同施氮肥量的产量差异显著性

A_1 品种：

施肥量	$\bar{x}_t$ (kg/25 m²)	差	异
		5%	1%
B_3	47.33	a	A
B_2	44.67	a	A
B_4	42.33	a	A
B_1	34.00	b	B

A_2 品种：

施肥量	$\bar{x}_t$ (kg/25 m²)	差	异
		5%	1%
B_3	45.67	a	A
B_4	43.63	a	A
B_2	43.00	a	A
B_1	40.00	b	A

A_3 品种：

施肥量	$\bar{x}_t$ (kg/25 m²)	差	异
		5%	1%
B_3	58.67	a	A
B_2	44.00	b	B
B_4	41.33	b	BC
B_1	34.00	c	C

表 3-3-38 结果表明：A_1 品种对施氮肥量的大小不敏感，四种施氮肥量间无显著差异。A_2 品种对施氮肥量比较敏感，施氮肥量比不施增产效果极显著，但用量大小之间无显著差异。A_3 品种对施氮肥量的大小很敏感，三种施氮肥量结果其产量均高于不施氮肥的产量，并且达显著差异，中施氮肥量的苹果产量极显著高于中低、高施氮量的产量。

结论：本试验品种主效无显著差异；施氮肥量主效有极显著差异，以 B_3 施氮量产量最高，与 B_1、B_2、B_4 达极显著差异，B_2、B_4 之间无差异，但与 B_1（不施氮肥）达极显著差异。品种与施氮肥量的互作极显著，以 A_3 品种与 B_3 施氮量结合，才能取得最高产量，A_1、A_2 品种也需 B_3 施氮量，但不如 A_3 品种产量高，三个品种以施氮肥比不施氮肥产量高。

资讯 3-3-4 正交设计试验结果资料的统计分析

一、方差分析法

正交试验设计之所以能得到广泛的应用，其原因不仅在于能使试验的次数减少，而且能够用相应的方法对试验结果进行分析并引出许多有价值的结论。正交试验结果的方差分析方法与复因素试验结果分析方法基本相似，不同之处在于需要根据表头设计对处理进一步分解。

【例 3-3-7】 在初代培养的种子萌发并抽出幼芽后，切取幼芽转入继代培养基中进行继代增殖培养。每个试验单元 10 瓶，每瓶培养基 4 个幼芽，30 d 后按试验单元统计各处理的增殖率如表 3-3-39 所示。

表 3-3-39　继代增殖培养基配方的正交设计试验结果

处理编号	列号（因素）				增殖率（%）					
	A	B	C	空列	Ⅰ	Ⅱ	Ⅲ	T_t	$\bar{X}_t$	(x_n)
1	1 (0.5)	1 (0.05)	1 (20)	1	136	159	149	444	148	(x_1)
2	1 (0.5)	2 (0.10)	2 (30)	2	151	169	190	510	170	(x_2)
3	1 (0.5)	3 (0.15)	3 (40)	3	113	132	130	375	125	(x_3)
4	2 (1.5)	1 (0.05)	2 (30)	3	250	280	277	807	269	(x_4)
5	2 (1.5)	2 (0.10)	3 (40)	1	225	247	197	669	223	(x_5)
6	2 (1.5)	3 (0.15)	1 (20)	2	201	241	221	663	221	(x_6)
7	3 (2.5)	1 (0.05)	3 (40)	2	289	319	310	918	306	(x_7)
8	3 (2.5)	2 (0.10)	1 (20)	3	245	274	264	783	261	(x_8)
9	3 (2.5)	3 (0.15)	2 (30)	1	318	342	300	960	320	(x_9)
T_r					1 928	2 163	2 038	6 129 (T)		

A、B、C 分别代表继代增殖培养基中添加的细胞分裂素（6-BA）浓度、生长素（NAA）浓度和蔗糖浓度等 3 个试验因素，各设 3 个水平，采用随机区组设计，3 次重复，实施 $L_k(m^p)$ 正交试验方案，其中处理数 $k=9$、水平数 $m=3$、因素 $p=3$ 个，即采用 $L_9(3^4)$ 的正交试验方案。

1. 资料整理　将正交设计随机区组试验结果资料整理为处理与区组两向表和因素水平两向表。例 3-3-7 的资料整理结果分别列于表 3-3-39 和表 3-3-40。

表 3-3-40　继代增殖培养基配方的正交设计试验因素水平两向表

水平总和 T_{ij}	因素（列号）								
	A	(1)	B	(2)	C	(3)	空列	(4)
T_{i1}	1 329	(T_{11})	2 169	(T_{21})	1 890	(T_{31})	2 073	(T_{41})
T_{i2}	2 139	(T_{12})	1 962	(T_{22})	2 277	(T_{32})	2 091	(T_{42})
T_{i3}	2 661	(T_{13})	1 998	(T_{23})	1 962	(T_{33})	1 965	(T_{43})

注：T_{ij} 为第 i 列（因素）第 j 水平所对应的处理总和（T_t）之和，或者说第 i 列第 j 水平所对应的 rkm 个观察值之和。

2. 平方和与自由度的分解　采用随机区组的正交设计各项变异的平方和与自由度分解

公式如表3-3-41。

表3-3-41 正交设计的随机区组试验的平方和与自由度分解

变异来源	自由度(df)	平方和(SS)
区组	$r-1$	$SS_r = \dfrac{\sum T_r^2}{k} - C$
处理	$k-1$	$SS_t = \dfrac{\sum T_t^2}{r} - C$
其中第i列变异	$m-1$	$SS_i = \dfrac{m\sum T_{ij}^2}{rk} - C$
误差	$(r-1)(k-1)$	$SS_{e_2} = SS_T - SS_r - SS_t$
总变异	$rk-1$	$SS_T = \sum x^2 - C$

根据表头设计，第i列变异可表示相应因素及交互作用的平方和及自由度。空列可作误差看待，通常称之为第一类误差，以e_1表示。而由$SS_T - SS_r - SS_t$计算得到的误差称为第二类误差，以e_2表示。

例3-3-7结果的平方和分解结果如下：

矫正数：$C = \dfrac{T^2}{rk} = \dfrac{6\,129^2}{3\times 9} = 1\,391\,283$

总变异：$SS_T = \sum x^2 - C = (136^2 + 151^2 + \cdots + 310^2) - C = 118\,912$

区组间：$SS_r = \dfrac{\sum T_r^2}{k} - C = \dfrac{1\,928^2 + 2\,163^2 + 2\,038^2}{9} - C = 3\,072.222\,2$

处理间：$SS_t = \dfrac{\sum T_t^2}{r} - C = \dfrac{444^2 + 510^2 + \cdots + 960^2}{3} - C = 113\,268$

其中：

A因素：$SS_A = SS_1 = \dfrac{m\sum T_{1j}^2}{rk} - C = \dfrac{3\times(1\,329^2 + 2\,139^2 + 2\,661^2)}{3\times 9} - C = 100\,104$

B因素：$SS_B = SS_2 = \dfrac{m\sum T_{2j}^2}{rk} - C = \dfrac{3\times(2\,169^2 + 1\,962^2 + 1\,998^2)}{3\times 9} - C = 2\,718$

C因素：$SS_C = SS_3 = \dfrac{m\sum T_{3j}^2}{rk} - C = \dfrac{3\times(1\,890^2 + 2\,277^2 + 1\,962^2)}{3\times 9} - C = 9\,414$

空列：$SS_{e_1} = SS_4 = \dfrac{m\sum T_{4j}^2}{rk} - C = \dfrac{3\times(2\,073^2 + 2\,091^2 + 1\,965^2)}{3\times 9} - C = 1\,032$

误差：$SS_{e_2} = SS_T - SS_r - SS_t = 2\,571.777\,8$

3. F测验 进行F测验前，需先检验第一类误差与第二类误差之间的显著性。若e_1、e_2差异不显著，可将e_1、e_2的平方和及自由度合并作为全试验的误差估计值；若e_1、e_2差异显著，则不能合并，只能以e_2作为检验各效应显著性的误差。例3-3-7中：

$$F = \dfrac{S_{e_1}^2}{S_{e_2}^2} = \dfrac{1\,032/2}{2\,571.777\,8/16} = 3.210$$

$F < F_{0.05} = 3.63$，测验结果表明e_1、e_2差异不显著，可将e_1、e_2的平方和及自由度

合并：

$SS_e = SS_{e_1} + SS_{e_2} = 1\,032 + 2\,571.777\,8 = 3\,603.777\,8$

$df_e = df_{e_1} + df_{e_2} = 2 + 16 = 18$

据此列方差计算结果于表 3-3-42，并进行 F 测验。

表 3-3-42 继代增殖培养基配方的正交设计试验方差分析表

变异来源	SS	df	MS	F	$F_{0.05}$	$F_{0.01}$
区组间	3 072.222 2	2	1 536.111 1	7.673**	3.55	6.01
处理间	113 268.000 0	8	14 158.500 0	70.718**	2.51	3.71
A 因素	100 104.000 0	2	50 052.000 0	249.998**	3.55	6.01
B 因素	2 718.000 0	2	1 359.000 0	6.788**	3.55	6.01
C 因素	9 414.000 0	2	4 707.000 0	23.510**	3.55	6.01
误差	3 603.777 8	18	200.209 9			
总变异	118 912.000 0	26				

F 测验结果表明，处理间及 A 因素（6-BA 浓度）、B 因素（NAA 浓度）和 C 因素（蔗糖浓度）间的增殖率均有极显著差异，需做进一步的多重比较。

4. 多重比较 多重比较的方法与复因素试验结果的多重比较方法相似，本节不再赘述。

二、直观分析法

正交设计试验结果分析，也可采用极差分析法，又称直观分析法，尤其适用没有重复设置的正交试验，该法计算简便、直观、简单易懂，也是正交试验结果分析中常用的方法。

（1）确定试验因素的优水平和最优水平组合。$L_k(m^p)$ 正交试验方案中，第 i 列（因素）第 j 水平对试验指标的影响可用该列水平所对应的试验指标（x_n）之和 K_{ij} 或其平均值 $\bar{x}_{ij}$ 表示，其中 $i = 1、2、\cdots、p$；$j = 1、2、\cdots、m$。

根据正交设计的特性，对某一因素来说，各水平间的试验条件是完全一样的（综合可比性），可进行直接比较。如果该因素对试验指标无影响时，那么各个 T_{ij}（或 $\bar{x}_{ij}$）值应该是相等的；若各个 K_{ij}（或 $\bar{x}_{ij}$）值不相等，则说明该因素的水平变动对试验结果有影响。

因此，根据各个 K_{ij}（或 $\bar{x}_{ij}$）值的大小可以判断各水平对试验指标的影响大小，并进而确定该因素的最优水平。表 3-3-39 试验结果中，A 因素（6-BA 浓度）各水平所对应的增殖率之和 T_{1j} 及其平均值 $\bar{x}_{1j}$ 分别为：

A_1 水平（0.5 mg/L）：$K_{11} = x_1 + x_2 + x_3 = 148 + 170 + 125 = 443$；$\bar{x}_{11} = 443 \div 3 = 147.7$

A_2 水平（1.5 mg/L）：$K_{12} = x_4 + x_5 + x_6 = 269 + 223 + 221 = 713$；$\bar{x}_{12} = 713 \div 3 = 237.7$

A_3 水平（2.5 mg/L）：$K_{13} = x_7 + x_8 + x_9 = 306 + 261 + 320 = 887$；$\bar{x}_{13} = 887 \div 3 = 295.7$

分析结果表明：A_3 的增殖率最高，且 $K_{13} > K_{12} > K_{11}$，所以可以判断 6-BA 浓度在 2.5 mg/L 时为优水平。

同理，可以计算并确定 B 因素（NAA 浓度）的优水平为 B_1（0.05 mg/L），C 因素（蔗糖浓度）的优水平为 C_2（30 g/L）。例 3-3-7 计算结果详见表 3-3-43。

表 3-3-43　继代增殖培养基配方的正交设计试验结果分析

分析项目	因素		
	6-BA 浓度（mg/L）	NAA 浓度（mg/L）	蔗糖浓度（g/L）
K_{i1}	443	723	630
K_{i2}	713	654	759
K_{i3}	887	666	654
$\bar{x}_{i1}$	147.7	241.0	210.0
$\bar{x}_{i2}$	237.7	218.0	253.0
$\bar{x}_{i3}$	295.7	222.0	218.0
优水平	水平 3	水平 1	水平 2
极差 R_i	148.0	23.0	43.0

不考虑因素间的交互作用，则三个因素的最优水平组合为各因素优水平的搭配，即本试验中，继代增殖培养基的最佳配方为 2.5 mg/L 的 6-BA、0.05 mg/L 的 NAA 与 30 g/L 的蔗糖。

（2）确定因素的主次顺序极差。即 $R_i = \mathrm{MAX}(\bar{x}_{ij}) - \mathrm{MIN}(\bar{x}_{ij})$，根据 R_i 的大小可以判断各因素对试验指标的影响主次。如例 3-3-7 中极差 R_i 计算结果见表 3-3-43，比较各 R_i 值大小，可见 $R_1 > R_3 > R_2$，所以试验因素对指标影响的主次顺序是 A>C>B。即 6-BA 浓度对继代增殖培养影响最大，其次是蔗糖浓度，而 NAA 浓度的影响较小。

（3）绘制因素与指标趋势图。为了更直观地表现试验指标随着因素水平的变化而变化的趋势，可绘制因素与指标趋势图。趋势图以各因素水平为横坐标，试验指标的平均值（$\bar{x}_{ij}$）为纵坐标进行绘制，具体绘制方法可参考有关文献资料。

资讯 3-3-5　利用 Excel 进行方差分析计算

Excel 的数据分析提供了 3 种方差分析工具，分别是"方差分析：单因素方差分析"和"方差分析：可重复双因素分析"和"方差分析：无重复双因素分析"，如图 3-3-3 所示，可根据不同资料特点，选择最适宜的分析工具直接获得方差分析表。

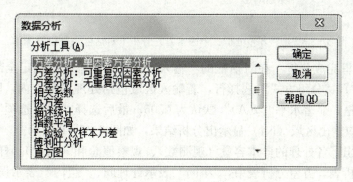

图 3-3-3　Excel 中的 3 种方差分析工具

一、"方差分析：单因素方差分析"工具的利用

"方差分析：单因素方差分析"工具主要适合于单向分组资料或单因素完全随机设计试验结果资料的方差分析。

【例3-3-8】利用 Excel 分析工具对例3-3-3中某苹果品种的4种不同类型枝条节间长度（cm）资料进行方差分析。

该资料属于单因素完全随机设计试验结果资料，其方差分析的基本步骤如下：

1. 输入数据 将单向分组资料或单因素完全随机设计试验结果资料的原始数据输入到 Excel 工作表中，每个单元格输入1个观察值，在同一行中输入同一处理全部观察值（图3-3-4），处理内观测值数目是否相等对分析结果并没有影响。

	A	B	C	D	E	F	G	H	I	J	K	L
1	表3-3-14 某苹果品种不同类型树枝条节间长度											
2	枝条类型	样点										
3		1	2	3	4	5	6	7	8	9	10	11
4	短枝1号	1.7	1.8	1.8	1.6	1.7	1.8	1.9	1.8	1.8		
5	短枝2号	1.9	1.7	1.6	1.8	1.8	1.8	1.7	1.9			
6	普通型	2.2	2.3	2.4	2.5	2.4	2.4	2.3	2.2	2.2	2.2	
7	小老树	1.4	1.5	1.4	1.3	1.6	1.7					

图3-3-4 单因素完全随机设计试验结果的原始数据输入示意图

2. 选择分析工具 点击菜单栏"工具"选择"数据分析"命令，弹出"数据分析"对话框（图3-3-3），选择"方差分析：单因素方差分析"工具，单击"确定"后弹出"方差分析：单因素方差分析"对话框（图3-3-5）。

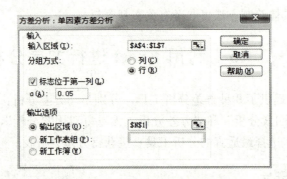

图3-3-5 "方差分析：单因素方差分析"对话框及其设置图示

3. 设置对话框完成分析 在对话框的"输入区域（I）"输入或选定全部处理观察值所在区域（A4~L7），"分组方式"选择行，若输入区域包括处理名称在内，则勾选"标志位于第一列"复选框；显著水平"α(A)"默认为0.05。最后选择"输出选项"，单击"确定"后 Excel 便在相应输出区域（N1）显示出分析结果，如图3-3-6所示。

计算结果给出了各处理的样本容量（观测数）、观察值总和（求和）、样本平均及方差，并列出了方差分析表。方差分析表中，"组间"表示处理间、"组内"表示误差，"总计"则为总变异。T13中的"F crit"表示$F_{0.05}$，S13中的"P-value"为 F 分布的单尾概率值，

利用此概率可判断处理间效应差异的显著性。如本例中,"P-value" $=4.1\times10^{-16}<0.01$,表明该苹果品种的 4 种不同类型枝条的节间长度差异极显著。

M	N	O	P	Q	R	S	T
	方差分析:单因素方差分析						
	SUMMARY						
	组	观测数	求和	平均	方差		
	短枝1号	10	17.7	1.77	0.006778		
	短枝2号	9	16	1.777778	0.009444		
	普通型	11	25.5	2.318182	0.011636		
	小老树	6	8.9	1.483333	0.021667		
	方差分析						
	差异源	SS	df	MS	F	P-value	F crit
	组间	3.266247	3	1.088749	96.44216	4.11E-16	2.90112
	组内	0.361253	32	0.011289			
	总计	3.6275	35				

图 3-3-6 "方差分析:单因素方差分析"结果输出示意图

二、"方差分析:无重复双因素分析"工具的利用

"方差分析:无重复双因素分析"工具主要适合于单因素随机区组试验结果资料及无重复双因素试验结果资料的方差分析。

【例 3-3-9】 利用 Excel 分析工具对例 3-3-5 中采用随机区组设计的 7 个小麦品种比较试验的产量(kg)资料进行方差分析。

该资料属单因素随机区组试验结果资料,其方差分析的基本步骤如下:

1. 输入数据 将单因素随机区组试验结果资料的原始数据输入到 Excel 工作表中,每个单元格输入 1 个观察值,在同一行中输入同一处理的观察值,在同一列中输入同一区组的观察值(图 3-3-7),处理或区组内观测值数目必须相等。

	A	B	C	D
1	表3-3-26	小麦品种比较试验产量结果(kg)		
2	处理	区组		
3		I	II	III
4	A	14.0	16.1	19.7
5	B	15.1	17.2	19.6
6	C	15.5	17.5	14.7
7	D	12.7	15.0	14.1
8	E	16.5	19.5	23.5
9	F	14.1	14.8	16.5
10	G	15.3	12.8	17.1

图 3-3-7 单因素随机区组试验数据输入图示

2. 选择分析工具 单击菜单栏"工具"选择"数据分析"命令,弹出"数据分析"对话框(图 3-3-3),选择"方差分析:无重复双因素分析"工具,单击"确定"后弹出"方差分析:无重复双因素分析"对话框(图 3-3-8)。

3. 设置对话框完成分析 在对话框的"输入区域(I)"输入全部观察值所在区域(A3~D10),若输入区域包括处理和区组名称在内,则勾选"标志(L)"复选框;显著水

平"α(A)"默认为 0.05。最后选择"输出选项",单击"确定"后 Excel 便在相应输出区域中显示出分析结果(图 3-3-9)。

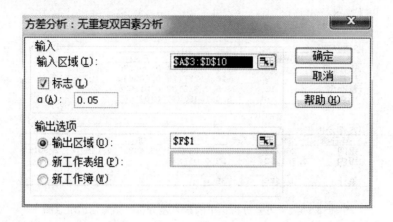

图 3-3-8 "方差分析:无重复双因素分析"对话框

计算结果给出了各处理与区组的样本容量(观测数)、观察值总和(求和)、处理与区组的平均及方差,并列出了方差分析表。方差分析表中,"行"表示处理间、"列"表示区组间,"误差"表示误差,"总计"则为总变异。同样可利用 F 分布的单尾概率值判断处理间与区组间效应差异的显著性。如例 3-3-9 中,K19 与 K20 单元格中的"P-value"均小于 0.05,表明小麦品种间和区组间的产量差异均达到显著水平。

方差分析:无重复双因素分析						
SUMMARY	观测数	求和	平均	方差		
A	3	49.8	16.6	8.31		
B	3	51.9	17.3	5.07		
C	3	47.7	15.9	2.08		
D	3	41.8	13.93333	1.343333		
E	3	59.5	19.83333	12.33333		
F	3	45.4	15.13333	1.523333		
G	3	45.2	15.06667	4.663333		
Ⅰ	7	103.2	14.74286	1.539524		
Ⅱ	7	112.9	16.12857	4.752381		
Ⅲ	7	125.2	17.88571	10.79476		
方差分析						
差异源	SS	df	MS	F	P-value	F crit
行	66.60571	6	11.10095	3.709149	0.025435	2.99612
列	34.73238	2	17.36619	5.802546	0.01726	3.885294
误差	35.91429	12	2.992857			
总计	137.2524	20				

图 3-3-9 "方差分析:无重复双因素分析"结果输出示意图

三、"方差分析：可重复双因素分析"工具的利用

"方差分析：可重复双因素分析"工具可用于当数据按照二维进行分类且包含重复的双因素的情况，主要适用于两因素完全随机设计试验结果资料的方差分析。

【例3-3-10】 利用Excel分析工具对例3-3-4中4种肥料施用于3种土壤小麦盆栽试验的每盆产量（g）资料进行方差分析。

该资料为两因素完全随机设计试验结果，其方差分析的基本步骤如下：

1. 输入数据 将两因素完全随机设计试验结果资料的原始数据输入到Excel工作表中，每个单元格输入1个观察值，在同一列中输入同一处理组合全部观察值（图3-3-10）。

	A	B	C	D
1	表3-3-19 4种肥料施用于3种土壤的小麦产量（g）			
2	肥料种类	土壤种类		
3		B1	B2	B3
4	A1	12.0	13.0	13.3
5		14.2	13.7	14.0
6		12.1	12.0	13.9
7	A2	12.8	14.2	12.0
8		13.8	13.6	14.6
9		13.7	13.3	14.0
10	A3	21.4	19.6	17.6
11		21.2	18.8	16.6
12		20.1	16.4	17.5
13	A4	15.3	13.1	14.5
14		14.1	12.7	15.1
15		14.9	13.8	13.8

图3-3-10 两因素完全随机设计试验结果的原始数据输入示意图

2. 选择分析工具 单击菜单栏"工具"选择"数据分析"命令，弹出"数据分析"对话框（图3-3-3），选择"方差分析：可重复双因素分析"工具，单击"确定"后弹出"方差分析：可重复因素分析"对话框（图3-3-11）。

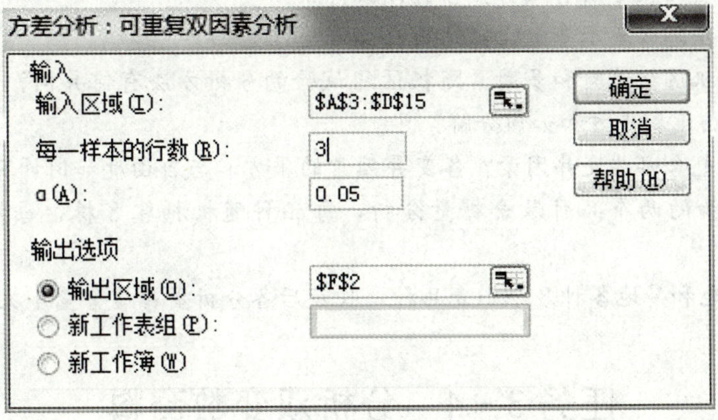

图3-3-11 "方差分析：可重复双因素分析"对话框及其设置图示

3. 设置对话框完成分析 在对话框的"输入区域（I）"输入或选定全部处理观察值所在区域（A3～D15），"每一样本的行数（R）"输入试验的重复次数；显著水平"α(A)"默

认为 0.05。最后选择"输出选项",单击"确定"后 Excel 便在相应输出区域（F2）显示出分析结果（图 3-3-12）。

方差分析						
差异源	SS	df	MS	F	P-value	F crit
样本	186.3831	3	62.12769	78.83668	1.44E-12	3.008787
列	5.915	2	2.9575	3.752908	0.038181	3.402826
交互	21.43611	6	3.572685	4.533545	0.003306	2.508189
内部	18.91333	24	0.788056			
总计	232.6475	35				

图 3-3-12 "方差分析：可重复双因素分析"结果输出示意图

计算结果给出了各处理的样本容量（观测数）、观察值总和（求和）、样本平均及方差等图示省略，并列出了方差分析表。方差分析表中，"样本"表示 A 因素（肥料种类）间、"列"表示 B 因素（土壤种类）间、"交互"表示 A 因素和 B 因素（土壤种类）的互作、"组内"表示误差，"总计"则为总变异。"F crit"表示 $F_{0.05}$，"P-value"为 F 分布的单尾概率值，利用此概率可判断处理间效应差异的显著性。

显然，Excel 的方差分析工具是十分有限的，不能给出多重比较的结果，若进一步了解各因素水平或处理的差异显著性，仍需手工完成或在 Excel 工作表中自行编辑公式进行。最好能学会运用某个专业统计软件，如 DPS、SPSS、SAS、Minitab 等。

思与练

1. 方差分析的基本原理是什么？
2. 方差分析有哪几个基本步骤？怎样进行平方和与自由度的分解？
3. F 分布有什么特点？怎样进行 F 测验？
4. 常用的多重比较方法有几种？各有什么特点？
5. 标记字母法怎么表示多重比较结果？如何进行？
6. 单因素随机区组试验和多因素随机区组试验的分析方法有何异同？多因素随机区组试验处理项的自由度和平方和如何分解？
7. 下列资料包含哪些变异因素？各变异因素的平方和与自由度如何计算？
（1）对某作物的两个品种做含糖量分析，每品种随机抽取 8 株，每株做 4 次含糖量测定；
（2）在水浇地和旱地各种 3 个小麦品种，收获后各分析蛋白质含量 4 次。

任务 3-4　分析双变数资料

【知识目标】掌握双变数资料的分析方法。
【能力目标】对双变数资料能进行正确分析并得出合理的结论。

子任务 3-4-1　分析两个变数间的相关关系

◆**任务清单：**

测得广东阳江≤25 ℃的始日（x）与黏虫暴食高峰期（y）的关系如下表（x 和 y 均以 8 月 31 日为 0），试分析两者的相关关系。

广东阳江≤25 ℃的始日（x）与黏虫暴食高峰期（y）的关系表

年份	x	y
1954	23	50
1955	25	55
1956	27	50
1957	23	47
1958	26	51
1959	11	29
1960	25	48

◆**成果展示：**

【资料解读】

观察项目：_____；观察单元：_____。

总体：_____个，即_____。

样本：_____个，即_____。

【相关分析】

子任务 3-4-2　分析两个变数间的回归关系

◆**任务清单：**

利用子任务 3-4-1 中的资料，分析广东阳江≤25 ℃的始日（x）与黏虫暴食高峰期（y）的回归关系。

◆**成果展示：**

【回归分析】

1. 计算 a、b 并写出回归方程。

2. 若某年 9 月 5 日是≤25 ℃的始日，预测黏虫暴食期在何时，并计算其 95% 的置信区间。

3. 绘制直线回归图。

子任务3-4-3 归纳总结双变数资料分析的计算方法

◆任务清单：
　　根据子任务3-4-1和子任务3-4-2的分析过程，结合自己拥有的计算工具（计算器或电脑软件），归纳整理出相关与回归分析的计算方法步骤。

◆成果展示：
　　1. 写出相关分析的计算公式及计算工具使用方法。

　　2. 写出回归分析的计算公式及计算工具使用方法。

相关资讯

资讯3-4-1　回归与相关概念

一、回归与相关的概念

　　在生产实际和科学实验中所要研究的变数往往不只是一个，而是两个或两个以上，它们之间相互联系、相互依赖、相互制约。例如，研究药剂和防效的关系，就有药剂和防效两个变数；研究玉米的产量与单位面积穗数、每穗粒数的关系，就有产量、穗数和穗粒数三个变数。为了研究这些有一定联系的两个或两个以上的变数间关系，必须把它们放在一起研究，研究其关系，找出关系的性质和密切程度，这种研究方法，在统计上称为回归和相关的研究。在研究过程中，由于划分标准不同，回归和相关分为不同的类型。

　　按照所研究变数的数量多少，分为简单相关和简单回归与复相关和复回归两种类型。前者只是研究两个变数之间的相互关系，而不涉及两个变数以外的任何事物的统计方法。例如，果穗粗与果穗长、播期与产量的关系，就属于简单相关和简单回归关系；后者是研究两个或两个以上变数与一个变数之间关系的统计方法。例如，雨量、温度、日照等与作物产量的关系，就属于复相关和复回归关系。

　　按照所研究变数之间表现的图形，可分为直线相关回归与曲线相关回归两种类型。两个事物之间的关系大体表现为直线关系的为直线相关和直线回归，两个事物之间关系可用曲线来描述的是曲线相关和曲线回归。本章将讨论有一定联系的两个变数的直线相关和直线回归的有关问题。

　　对于两个变数，可用 X 和 Y 表示，相应变量用 x 和 y 表示。根据其两个变数的作用、特点及关系可分两种理论模型，即回归模型和相关模型。

　　在回归模型中，x 和 y 是因果关系，x 是固定的，这是在试验时预先指定的，没有误差或误差很小，而 y 则是随着 x 的变化而变化，并且有随机误差。因此，在回归模型中，x 称为自变量，y 称为依变量，y 随 x 的变化而变化。例如，播种期与产量两个变数，播种期是事先设计的，它是固定的而且没有误差，为 X 变数；产量是随机的，有随机误差，为 Y 变数。回归模型除有自变量与依变量区别外，还具有预测特征，即能够用 x 的变化预测 y 的变化。

在相关模型中，x 和 y 是平行关系，二者都具有随机误差，不能区别哪一个是自变数，哪一个是依变数。例如，玉米穗长与穗重两个变数，小麦、水稻的穗长和穗粒数两个变数等。在这种模型中，X 和 Y 可代表两个变数中任意一个，根据实际情况而定。因此，相关模型没有自变量与依变量之分，也不具备预测性质，仅能表示两个变数共同变异程度和相关性质。

二、回归分析与相关分析

对回归模型资料的统计方法称为回归分析，是确定两种或两种以上变数间相互依赖的定量关系的一种统计方法。它包括从一个变数出发确定与其他变数的数量关系（即回归方程式）、对回归方程式的显著性测验、利用所求得的回归方程式进行预测控制。对相关模型资料的统计方法称为相关分析，这主要测定两个变数在数量关系上的密切程度和性质。

在回归分析中包含着相关的信息，在相关分析中也包含着回归的信息，二者的界限并不能截然分开。但一般只有具备因果关系的两个变数之间才能进行回归分析。

直线回归和直线相关分析方法简单，应用广泛，是常用的统计方法之一。但在应用过程中，也常出现一些误用，对结果做出错误的解释，因此在应用过程中，应注意以下几点：

（1）要以学科专业知识做指导来应用这一统计分析方法。回归和相关分析只是作为一种工具，帮助完成有关的认识和解释。变数间是否存在回归和相关以及在什么条件下会发生这些关系，都必须由具体学科本身来决定，要以专业知识去指导，否则，把风马牛不相干的资料随意凑在一起做回归和相关的分析，会造成根本性的错误。

（2）要严格控制被研究的两个变数以外的其他因素的变化，使其尽可能保持一致。由于自然界各种事物相互联系，相互制约，一事物的变化通常要受到其他事物的影响。例如，研究播期与产量关系，产量不仅与播期有关，还要受到品种、密度、灌水量、温度等多种因素的影响，只有对这些因素尽可能保持一致，才能真实反映出播期与产量的关系，否则其分析结果可能是虚假的。

（3）要求两个变数的样本容量尽可能大一些，这样可以减少抽样误差，提高回归和相关分析的准确性，一般应有 5 对以上的观察值。同时 x 值的范围应宽些，这样既能降低回归方程误差，也能及时发现 x 与 y 可能存在的非线性关系。

（4）利用回归方程进行预测时，x 值只能在一定的区间内，不宜向自变数区间外延太多，因为该区间以外的 x 和 y 是否保持直线关系，没有多得任何信息。

资讯 3-4-2　直线相关分析

一、决定系数与相关系数

（一）相关系数

在直线相关现象中，根据两种变数的相互关系，可分为正相关、负相关和无相关三种不同的相关关系。现举例说明：有三组样本观察值，每组样本各有 X、Y 两个变数，各组两个变数的样本容量相同，如表3-4-1所示。

表3-4-1　三组两个变数的样本资料

组别	变数	观　察　值									总和
1	X	9	8	7	7	6	5	3	3	1	50
	Y	9	9	8	6	6	5	4	3	1	52
2	X	1	1	3	3	5	6	7	7	8 9	50
	Y	9	9	8	6	6	5	4	3	1 1	52
2	X	7	7	1	6	5	3	8	9	3 1	50
	Y	5	9	6	1	3	1	9	4	6 8	52

从表3-4-1可以看出，各组两个变数所表现的相关关系有极明显的区别。第一组中x的大值与y的大值相联系，x的小值与y的小值相联系，表明为正相关；第二组中x的大值与y的小值相联系，x的小值与y的大值相联系，表明为负相关；第三组x值与y值之间，看不出有什么联系的规律性，表明无相关。

如果将这三组x与y值的对应关系用散布图（图3-4-1）表示，则x与y的关系表现得更加明显。

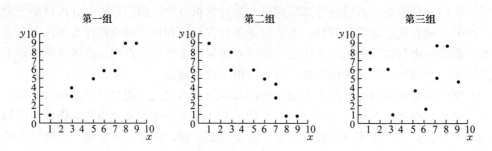

图3-4-1　三组资料的散布图

从图中可以看出，第一组x的小值与y值的小值相联系，大值与大值相联系，坐标点趋向于由左下角向右上角的一条直线，表明正相关，x与y有相同方向变异的趋势。第二组的坐标也趋向于一条直线，x与y变异的方向有相反的趋势。第三组坐标点均匀地分散于全面，表明两变数不存在相关关系。

从散布图获得的两个变数间的相关关系，只能是一种大概情况，不能确切地反映相关密切程度。为了说明相关密切程度的表示方法，在散布图横轴x平均数处画一垂线，纵轴y的平均数处画一垂直线，将整个平面分成四个象限。各点的位置不变，但所处的坐标数x变成了$(x-\bar{x})$，y变成了$(y-\bar{y})$，如果有n对观察值，其规律如图3-4-2所示。

从图中可以看出，象限Ⅰ内$(x-\bar{x})>0,(y-\bar{y})>0$；象限Ⅱ内$(x-\bar{x})<0,(y-\bar{y})>0$；象限Ⅲ内$(x-\bar{x})<0,(y-\bar{y})<0$；象限Ⅳ内$(x-\bar{x})>0,(y-\bar{y})<0$。如果把象限内代表点的两个变数的离均差相乘即$(x-\bar{x})(y-\bar{y})$，则象限Ⅰ、Ⅲ内的$(x-\bar{x})(y-\bar{y})>0$，而象限Ⅱ、Ⅳ内的$(x-\bar{x})(y-\bar{y})<0$；如果把象限内点的离均差乘积求和，即$\sum(x-\bar{x})(y-\bar{y})$，则象限

y	象限Ⅱ $(x-\bar{x})<0$ $(y-\bar{y})>0$ $(x-\bar{x})(y-\bar{y})<0$	象限Ⅰ $(x-\bar{x})>0$ $(y-\bar{y})>0$ $(x-\bar{x})(y-\bar{y})>0$
$\bar{y}$	象限Ⅲ $(x-\bar{x})<0$ $(y-\bar{y})<0$ $(x-\bar{x})(y-\bar{y})>0$	象限Ⅳ $(x-\bar{x})>0$ $(y-\bar{y})<0$ $(x-\bar{x})(y-\bar{y})<0$
	$\bar{x}$	x

图 3-4-2　相关分析图解

Ⅰ、Ⅲ内点的乘积和为正值，即 $\sum(x-\bar{x})(y-\bar{y})>0$，象限Ⅱ、Ⅳ内点的乘积求和为负值，即 $\sum(x-\bar{x})(y-\bar{y})<0$，如果落在象限Ⅰ、Ⅲ内的点多于象限Ⅱ、Ⅳ内的点，正负相消后，其 $\sum(x-\bar{x})(y-\bar{y})$ 必为正值，即两个变数为正相关，此数值大小表示相关密切程度的大小。如果落在象限Ⅱ、Ⅳ的点超过象限Ⅰ、Ⅲ的点，正负相消后，其 $\sum(x-\bar{x})(y-\bar{y})$ 为负值，即为负相关，此数值大小，显示负相关密切程度的大小。如果各点均匀分布在四个象限，正负相消后，其 $\sum(x-\bar{x})(y-\bar{y})$ 等于或接近0，为无相关。由此可见，离均差乘积和 $\sum(x-\bar{x})(y-\bar{y})$ 的值，可用来表示相关的密切程度及其性质。例如，分别计算前述三组样本的离均差乘积和，并用符号 SP 表示。

第一组：$SP_1=(9-5)(9-5.2)+(8-5)(y-5.2)+\cdots+(1-5)(1-5.2)=75$
第二组：$SP_2=(1-5)(9-5.2)+(1-5)(9-5.2)+\cdots+(9-5)(1-1.5)=-74$
第三组：$SP_3=(7-5)(5-5.2)+(7-5)(9-5.2)+\cdots+(1-5)(8-5.2)=2$

比较以上三组计算结果，$SP_1=75$ 说明是正相关，$SP_2=-74$ 说明是负相关，$SP_3=2$ 说明相关密切或无相关，其计算结果与散布图表示的基本一致。但乘积和的大小受样本容量和所取单位的影响，样本容量越多，乘积和越大。实际上研究 x、y 的相关性与样本容量无关。同时，不同单位相乘也没意义，这就显示了用乘积和表示相关关系的缺陷。

为克服这些缺陷，可用离均差乘积总和除以自由度 $n-1$，得到离均差总和乘积的均数，以消除样本容量的影响，然后再用离均差总和的均数除以两个变数的标准差，以消除单位的影响，用得来的数值大小表示相关的性质和密切程度，这个数值称为直线相关系数，用 r 表示，其公式为：

$$r=\frac{\frac{SP}{n-1}}{S_x S_y}=\frac{\frac{\sum(x-\bar{x})(y-\bar{y})}{n-1}}{\sqrt{\frac{\sum(x-\bar{x})^2}{n-1}}\sqrt{\frac{\sum(y-\bar{y})^2}{n-1}}}=\frac{\sum(x-\bar{x})(y-\bar{y})}{\sqrt{\sum(x-\bar{x})^2 \sum(y-\bar{y})^2}}$$

即直线相关系数为：
$$r=\frac{SP}{\sqrt{SS_x SS_y}} \qquad (3-4-1)$$

式中：$n-1$ 为自由度，S_x 为 X 变数的标准差，S_y 为 Y 变数的标准差，SS_x 为 X 变数的平方和，SS_y 为 Y 变数的平方和，相关系数 r 是与两个变数的变异程度、单位和样本容量 n 的大小没有关系的统计数。由于不受单位影响，可用来比较不同双变数资料的相关程度和性质。

为便于简单计算工具计算，可将公式的分子、分母换成：

$$r = \frac{\sum xy - \frac{(\sum x)(\sum y)}{n}}{\sqrt{\left[\sum x - \frac{(\sum x)^2}{n}\right]} \cdot \sqrt{\left[\sum y - \frac{(\sum y)^2}{n}\right]}} \quad (3-4-2)$$

直线相关系数 r 可正可负，它取决于 SP 的正负，其取值范围是 $-1 \leqslant r \leqslant 1$。当 r 的绝对值等于 1 时，x 与 y 完全相关；$r = +1$ 时，称完全正相关；$r = -1$ 时，称完全负相关。完全相关的散布图，所有的点必然在一条直线上，两个变数间实际上存在着直线函数关系。当 $r = 0$ 时，所有点均匀地分布在四个象限内，没有任何直线的趋势。r 的正负，表示相关性质，正的 r 值表示正相关，即 y 随 x 的增大而增大，减小而减小。负的 r 值，表示负相关，即 y 随 x 的增大而减小。在试验研究中，相关系数不易达到 $+1$ 或 -1。

（二）决定系数

决定系数定义为相关系数 r 的平方值，其值为：

$$r^2 = \frac{SP^2}{SS_x \cdot SS_y} \quad (3-4-3)$$

决定系数和相关系数的区别在于：

（1）除掉 $|r| = 1$ 和 0 的情况外，r^2 总是小于 $|r|$。这就可以防止对相对系数所表示的相关程度做夸张的解释。例如，$r = 0.5$ 只是说明由 x 的不同而引起的 y 的变异（或由 y 的不同而引起的 x 的变异）平方和仅占 y 总变异（或 x 总变异）平方和的 $r^2 = 0.25$，即 25%，而不是 50%。

（2）r 是可正可负的，而 r^2 则一律取正值，其取值区间为 [0，1]。因此，在相关分析中将两者结合起来是可取的，即由 r 的正或负表示相关的性质，由 r^2 的大小表示相关的程度。

二、直线相关系数计算

【例 3-4-1】 某地对 5 月中旬降水量与 6 月上、中旬黏虫发生量进行了连续 8 年的调查，结果列于表 3-4-2，试计算其直线相关系数。

表 3-4-2 5 月中旬降水量与 6 月上、中旬黏虫发生量

年 份	降水量 x（mm）	每 100 m² 黏虫发生量 y（头）
第 1 年	46.1	355
第 2 年	31.9	251
第 3 年	55.4	388
第 4 年	30.6	123
第 5 年	50.6	377
第 6 年	24.8	53
第 7 年	40.2	359
第 8 年	28.6	103

首先计算 6 个一级数字，并将各项一级数据所计算过程列于表 3-4-3，然后再根据一级数据求出 5 个二级数据，代入相关系数公式即可。

表 3-4-3　表 3-4-2 资料的数据计算

x	y	x^2	y^2	xy
46.1	355	2 125.2	126 025	16 365.5
31.9	251	1 017.6	63 001	8 006.9
55.4	388	3 069.2	150 544	21 495.2
30.6	123	936.4	15 129	3 763.8
50.6	377	2 560.4	142 129	19 076.2
24.8	53	615.0	2 809	1 314.4
40.2	359	1 616.0	128 881	14 431.8
28.6	103	818.0	10 609	2 945.8
$\sum$ 308.2	2 009	12 757.8	639 127	87 399.6

根据表 3-4-3 求得 6 个一级数据 $\sum x = 308.2, \sum y = 2\ 009, \sum x^2 = 1\ 257.8, \sum y^2 = 639\ 127, \sum xy = 87\ 399.6, n = 8$，计算 5 个二级数据。

$$SS_x = \sum x^2 - \frac{(\sum x)^2}{n} = 1\ 257.8 - \frac{308.2^2}{8} = 884.4$$

$$SS_y = \sum y^2 - \frac{(\sum y)^2}{n} = 639\ 127 - \frac{2\ 009^2}{8} = 134\ 616.9$$

$$SP = \sum xy - \frac{(\sum x)(\sum y)}{n} = 87\ 399.6 - \frac{308.2 \times 2\ 009}{8} = 10\ 002.9$$

$$\bar{x} = \frac{\sum x}{n} = \frac{308.2}{8} = 38.525$$

$$\bar{y} = \frac{\sum y}{n} = \frac{2\ 009}{8} = 251.125$$

将有关二级数据代入公式（3-4-1）即得：

$$r = \frac{SP}{\sqrt{SS_x SS_y}} = \frac{10\ 002.9}{\sqrt{884.4 \times 134\ 616.9}} = 0.916\ 8$$

计算结果 $r = 0.916\ 8$，说明五月中旬降水量与六月上、中旬黏虫发生量有明显的正相关，即五月中旬降水量越大，六月上、中旬黏虫发生量越大，但是黏虫发生量仅有 84% 是与五月中旬降水量有关，其 16% 的发生原因不明。

三、直线相关关系的显著性测验

上述直线相关系数计算是以样本资料为基础进行的，故称为样本相关系数，它不是真正的总体相关系数。总体相关系数一般用 ρ 表示，如果在总体相关系数 $\rho = 0$ 的双变数总体中抽样，由于抽样误差存在，其 r 不一定为 0。为了确定 r 所代表的总体是否有直线相关，必

须对实得 r 值进行测验。其测验方法有两种：

1. t 测验 t 测验的具体步骤是：

（1）提出假设。H_0：$\rho=0$，H_A：$\rho\neq0$。

（2）规定显著水平。$\alpha=0.05$ 或 $\alpha=0.01$。

（3）测验计算。在无效假设正确前提下，计算 t 值，其计算公式为：

$$t=\frac{r-\rho}{S_r}$$

因为 H_0：$\rho=0$

故
$$t=\frac{r}{S_r} \tag{3-4-4}$$

式中：S_r 为相关系数标准误，其计算公式为：

$$S_r=\sqrt{\frac{1-r^2}{n-2}} \tag{3-4-5}$$

计算出样本相关系数的 t 值后，与 t 值表中的 t_α 比较，以确定样本的 t 值在 t 分布中出现的概率。此 t 值遵循 $\nu=n-2$ 的 t 分布。如果实得 $|t|<t_\alpha$，则 $P>\alpha$；若实得 $|t|\geq t_\alpha$，则 $P\leq\alpha$。

（4）推断。如果 $P>\alpha$ 则接收 H_0，推断样本的 r 与总体 $\rho=0$ 差异不显著，差异是由误差造成的，两个变数无直线相关关系；如果 $P<\alpha$，则应否定 H_0：$\rho=0$，接收 H_A：$\rho\neq0$，推断相关关系显著，该样本不是来自 $\rho=0$ 的总体，而是来自 $\rho\neq0$ 的总体，两个变数存在直线相关关系。

【例 3-4-2】试对例 3-4-1 资料的相关系数 $r=0.9168$ 进行显著性测验。

相关系数标准误：$S_r=\sqrt{\frac{1-0.9168^2}{8-2}}=0.1630$

计算 t 值：$t=\frac{0.9168}{0.1630}=5.62$

查 t 值表，当 $\nu=n-2=6$ 时，$t_{0.05}=2.447$，$t_{0.01}=3.707$，实得 $|t|=5.62>t_{0.01}=3.707$，故否定 H_0：$\rho=0$，接受 H_A：$\rho\neq0$，说明五月中旬降水量与六月上、中旬黏虫发生量存在极显著直线正相关。

2. 查表法 对直线相关系数做显著性测验时，计算 S_r 和 t 值比较麻烦，可以直接利用相关系数 r 值表（附表7），r 值表列出了不同自由度下样本的相关系数达到显著和极显著的临界值。将样本相关系数 r 与 $r_{0.05}$ 和 $r_{0.01}$ 相比较即可确定是否显著。当 $|r|<r_{0.05}$ 为不显著，表明 x 和 y 无直线相关关系；当 $r_{0.01}>|r|\geq r_{0.05}$ 为显著，$|r|\geq r_{0.01}$ 为极显著，显著或极显著均表明 x 和 y 存在直线相关关系。

如例 3-4-2 $r=0.9168$，查 r 值表，当 $\nu=n-2=8-2=6$ 时，$r_{0.05}=0.707$，$r_{0.01}=0.834$，实得 $|r|=0.9168>r_{0.01}$，故 $P<0.01$，应否定 H_0：$\rho=0$，接受 H_A：$\rho\neq0$，相关系数极显著，同样表明五月中旬降水量与六月上、中旬黏虫发生量存在极显著直线正相关。

资讯 3-4-3 直线回归分析

一、直线回归方程

对于双变数的回归模型资料，要从 x 的数量变化来预测或估计 y 的数量变化，首先要用直线回归方程来描述。在数学上直线方程的通式为：

$$\hat{y}=a+bx \qquad (3-4-6)$$

上式读作"y 依 x 的直线回归",其中 x 是自变量;$\hat{y}$ 是和 x 的量相对应的依变量 y 的点估计值;a 是 $x=0$ 时的 $\hat{y}$ 值,即回归直线在 y 轴上的截距,称为回归截距;b 是 x 每增加一个单位数时,$\hat{y}$ 平均地将要增加($b>0$)或减少($b<0$)单位数,称为直线回归系数。

要使 $\hat{y}=a+bx$ 能够最好地代表 y 和 x 在数量上的相互关系,根据最小平方法,必须使离回归平方和(用 Q 表示)$Q=\sum(y-\hat{y})^2=\sum(y-a-bx)^2$ 最小,根据数学原理,要使 Q 取得最小值,需对 a 和 b 求偏导,因此有正规方程:

$$\begin{cases} an+b\sum x = \sum y \\ a\sum x + b\sum x^2 = \sum xy \end{cases}$$

解得:

$$a=\bar{y}-\bar{x} \qquad (3-4-7)$$

$$b=\frac{\sum xy-\frac{1}{n}(\sum x)(\sum y)}{\sum x^2-\frac{1}{n}(\sum x)^2}=\frac{\sum(x-\bar{x})(y-\bar{y})}{\sum(x-\bar{x})^2}=\frac{SP}{SS_x} \qquad (3-4-8)$$

将计算得的 a、b 值代入 3-4-6 式,即可建立直线回归方程。

a、b 值可正可负,随具体资料而异。在 $a>0$ 时,表示回归直线在 Ⅰ、Ⅱ 象限交于 y 轴;在 $a<0$ 时,表示回归直线在 Ⅲ、Ⅳ 象限交于 y 轴;在 $b>0$ 时,表示 y 随着 x 增大而增大,减小而减小,成正相关;在 $b<0$ 时,表示 y 随 x 增大而减小成负相关;在 $b=0$ 或与 0 的差异不显著时,则 y 变量和 x 的取值大小无关,直线回归关系不成立。

以上是 a 和 b 的统计学解释,在具体问题中,a 和 b 还有专业上的实际意义。

将式 3-4-7 代入式 3-4-6,可得:

$$\hat{y}=\bar{y}-b\bar{x}+bx=\bar{y}+b(x-\bar{x}) \qquad (3-4-9)$$

由 3-4-9 式可见,如果 $x=\bar{x}$,则 $\hat{y}=\bar{y}$,所以回归直线必须通过坐标点 $(\bar{x},\bar{y})$。

【例 3-4-3】某水稻研究所,进行水稻品种生育期与产量试验,其部分品种产量结果列于表 3-4-4,试建立直线回归方程(生育期为 x,单位:d;产量为 y,单位:kg/hm²)。

表 3-4-4 水稻品种生育期与产量关系

品 种	生育期(d) x	产量(kg/hm²) y
A	112	5 565
B	114	5 730
C	116	6 225
D	119	6 615
E	123	6 570
F	128	6 915
G	129	7 185
H	131	7 110

首先根据表 3-4-4 中资料计算得 6 个一级数据：

$\sum x = 972, \sum x^2 = 118\,472, \sum y = 51\,915, \sum y^2 = 339\,469\,425,$
$\sum xy = 6\,337\,290, n = 8$。

然后，根据 6 个一级数据求得 5 个二级数据：

$$SS_x = \sum x^2 - \frac{(\sum x)^2}{n} = 118\,472 - \frac{972^2}{8} = 374$$

$$SS_y = \sum y^2 - \frac{(\sum y)^2}{n} = 339\,469\,425 - \frac{51\,915^2}{8} = 2\,573\,521.88$$

$$SP = \sum xy - \frac{(\sum x)(\sum y)}{n} = 6\,337\,290 - \frac{972 \times 51\,915}{8} = 29\,617.50$$

$$\bar{x} = \frac{\sum x}{n} = 972 \div 8 = 121.5$$

$$\bar{y} = \frac{\sum y}{n} = 51\,915 \div 8 = 6\,489.38$$

根据公式 3-4-7 和 3-4-8 计算得：

$$b = \frac{SP}{SS_x} = \frac{29\,617.5}{374} = 79.19$$

$$a = \bar{y} - \bar{x} = 6\,489.38 - 79.19 \times 121.5 = -3\,132.21$$

故得直线回归方程：

$$\hat{y} = -3\,132.21 + 79.19x$$

化简成：

$$\hat{y} = -3\,132.2 + 79.2x$$

上述方程中 a 和 b 的意义为：当生育期 x 每增加 1 天，产量便提高 79.2 kg；若生产期为零，则没有产量，并且达到一定的生育期才有产量。此规律只适于 X 变数的实际区间 [112, 131]，当 $x < 112$ 或 $x > 131$ 时，y 的变化是否符合 $\hat{y} = -3\,132.2 + 79.2x$，没有得到任何信息。因此，在应用 $\hat{y} = -3\,132.2 + 79.2x$ 进行预测时，宜限定区间在 [112, 131]，不宜外延太多。

二、直线回归关系的显著性测验

如果变数 X 和 Y 的总体不存在直线回归关系，但从中随机抽取一个样本，用计算回归方程的方法也能算得一个直线回归方程 $\hat{y} = a + bx$。因此，应对样本的回归方程进行显著性测验，测定其来自无回归关系总体的概率大小。只有当这种概率 $P < 0.05$ 或 $P < 0.01$，才能冒较小危险确认其所代表的总体存在着直线回归关系。对回归关系的显著性测验，可采用方差分析法获得更全面的信息，但采用 t 测验和查表法较简便。

1. t 测验 首先，提出假设。由式 3-4-8 可推知，若总体不存在直线回归关系，则总体回归系数 $\beta = 0$；若总体存在直线回归关系，则 $\beta \neq 0$。故对直线回归的假设测验为 H_0：$\beta = 0$，对 H_A：$\beta \neq 0$。

然后测验计算。计算回归方程的估计标准误 $S_{y \cdot x}$ 的值：

$$S_{y \cdot x} = \sqrt{\frac{Q}{n-2}} = \sqrt{\frac{\sum(y-\hat{y})^2}{n-2}} = \sqrt{\frac{SS_y - \frac{SP^2}{SS_x}}{n-2}} \quad (3-4-10)$$

再计算回归系数标准误 S_b：

$$S_b = \frac{S_{y \cdot x}}{\sqrt{S_{xx}}} = \sqrt{\frac{Q}{(n-2)SS_x}} \quad (3-4-11)$$

再求 t 值：

$$t = \frac{b - \beta}{S_b}$$

因为

$$H_0: \beta = 0$$

故

$$t = \frac{b}{S_b} \quad (3-4-12)$$

t 值遵循 $\nu = n - 2$ 的 t 分布，根据所得 t 值进行统计推断，当 $|t| < t_\alpha$ 时为不显著，当 $|t| > t_\alpha$ 时为显著或极显著。

【**例 3-4-4**】用 t 测验法对表 3-4-4 资料的回归方程进行显著性测验。

提出假设　$H_0: \beta = 0$，$H_A: \beta \neq 0$

$$S_{y \cdot x} = \sqrt{\frac{SS_y - \frac{SP^2}{SS_x}}{n-2}} = \sqrt{\frac{2\,573\,521.88 - \frac{29\,617.5^2}{374}}{8-2}} = 194.97 \text{ (kg/hm}^2\text{)}$$

$$S_b = \frac{S_{y \cdot x}}{\sqrt{SS_x}} = \frac{194.97}{\sqrt{374}} = 10.08$$

$$t = \frac{79.19}{10.08} = 7.8359$$

查 t 值表，$t_{0.01,6} = 3.707$，现实得 $|t| = 7.8359 > t_{0.01,6}$，故 $P < 0.01$，生育期与产量有真实的回归关系，可以用生育期预测其产量。

【**例 3-4-5**】对表 3-4-2 资料求直线回归方程，并进行回归关系显著性测验。前已求得：$SS_x = 884.4$，$SS_y = 1\,346\,169$，$SP = 10\,002.9$，$\bar{x} = 38.525$，$\bar{y} = 251.125$，代入公式 3-4-7 和 3-4-8。

得：$b = 11.31$，$a = -184.59$

得直线回归方程：$\hat{y} = -184.59 + 11.31x$

化简成：$\hat{y} = -184.59 + 11.31x$

对其进行测验：　$H_0: \beta = 0$，$H_A: \beta \neq 0$

$$S_{y \cdot x} = \sqrt{\frac{SS_y - \frac{SP^2}{SS_x}}{n-2}} = \sqrt{\frac{1\,346\,169 - \frac{100\,029^2}{884.4}}{6}} = 59.8335$$

$$S_b = \frac{S_{y \cdot x}}{\sqrt{SS_x}} = \frac{59.8335}{\sqrt{884.4}} = 2.0120$$

$$t = \frac{b}{S_b} = \frac{11.3100}{2.0120} = 5.62$$

查 t 值表：$t_{0.01,6}=3.707$，实得 $|t|=5.62>t_{0.01,6}$，故 $P<0.01$，5月中旬降水量与6月上、中旬黏虫发生量有真实的回归关系，或者说 $b=11.3$ 是极显著的。

2. 查表法 对于同一资料来说，相关显著，回归必显著；相关不显著，回归也必然不显著。在例3-4-2中进行相关系数假设测验时 $t=5.62$，两个 t 值完全相同，这不是偶然的巧合，而是必然结果。因此，在直线回归关系的显著性测验过程中，计算 S_{yx} 和 S_b 值比较麻烦，可以直接利用相关系数查 r 值表即可。

在计算程序上，当得到二级数据后，可以先算相关系数，查 r 值表，看是否相关显著。如果相关显著，可再计算回归方程，回归关系也不用再测验。如果相关不显著，就不必再计算下去。

三、直线回归方程图示

直线回归图包括回归直线的图像和散布图。利用图像表示资料，简单明了，一目了然，比较形象直观地表示出 x 和 y 的数量关系，并便于预测。

制作直线回归图时，以 x 为横坐标，以 y 为纵坐标，横、纵坐标要标明单位名称。然后取 x 坐标上较小值 x_1 和较大值 x_2，分别代入回归方程式得 $\hat{y}_1$ 和 $\hat{y}_2$，用坐标点 $(x_1, \hat{y}_1)$ 和 $(x_2, \hat{y}_2)$ 在图上连一条直线，此直线便为回归直线。

如对例3-4-3资料做直线回归图，可在表3-4-4中以 $x_1=112$，$x_2=131$ 分别代入 $\hat{y}=-3\,132.2+79.2x$，得 $\hat{y}_1=5\,738.2$，$\hat{y}_2=7\,243$。在图3-4-3上确定（112，5 738.2）和（131，7 243）这两个点，连接两点即为 $\hat{y}=-3\,132.2+79.2x$ 的直线图像。注意，此直线必须通过点 $(\bar{x}, \bar{y})$，这可作为判断直线图是否正确的标准。最后，将实测的各对 x、y 数值标到图3-4-3中。

四、直线回归预测

回归直线是8个坐标点的代表，它不仅表示了资料的基本趋势，也能够用于预测。如例3-4-3中，若某水稻品种生育期为120 d，则在图3-4-3上可查到其估计产量为6 372 kg/hm²。当然预测也可将 $x=120$ 代入方程 $\hat{y}=-3\,132.2+79.2\times120=6\,371.8$，所得到结果基本上是一致的。

当然这种估计与实测坐标点有一定差距，这是因为回归直线是综合多个品种的产量而得出的一般趋势，所以其代表性应该比任何一个实际的坐标点都好。为保证预测结

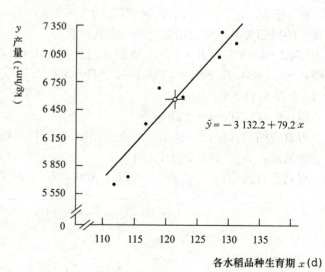

图3-4-3 水稻品种生育期与产量关系

果的可靠性，需有一定的预测结果概率保证，这种概率保证可用回归估计标准误 $S_{y\cdot x}$ 表示。若各个观察值离回归线愈近，$S_{y\cdot x}$ 值就愈小；若各个观察值离回归线上下分散愈远，则

$S_{y\cdot x}$ 值就愈大。在 $\hat{y}\pm S_{y\cdot x}$ 区间内可以包括 68.27% 的 y 的观察点，在 $\hat{y}\pm 2S_{y\cdot x}$ 的区间内可包括 95.45% 的 y 的观察点。

如表 3-4-4 资料的 $S_{y\cdot x}=194.97$ （kg/hm²），在用回归方程 $\hat{y}=-3132.2+79.2x$ 由水稻生育期预测产量时，有一个 194.97 kg/hm² 估计标准误。如例 3-4-3 中 $x=120$，$\hat{y}=6371.8$ kg/hm²，则意味着若某水稻品种生育期为 120 d，其估计产量有 68.27% 的概率保证在 6371.8 ± 194.97 kg/hm² 区间范围内，有 95.45% 的可能在 $6371.8\pm 2\times 194.97$ kg/hm² 区间范围内。

资讯 3-4-4　利用 Excel 进行相关与回归分析

用 Excel 工作表函数和图表向导工具可以比较快捷地完成相关与回归分析的计算，再结合对 t 值公式的简单设计，便可得出显著性测验结论。

一、直线相关分析

【例 3-4-6】利用 Excel 工作表函数和公式对例 3-4-1 某地 5 月中旬降水量与 6 月上、中旬黏虫发生量进行相关分析。

将表 3-4-2 资料输入到 Excel 工作表中之后，在 F4 单元格插入函数 CORREL 即可得到相关系数。CORREL 函数的语法：CORREL(array1, array2)，其中 array1 为第一组数值单元格区域，array2 为第二组数值单元格区域，本例中为 "=CORREL(B4:B11, C4:C11)"。计算出 r 值后，可查 r 值表做出显著性分析。此外，在 F5 中输入公式 "=F4^2"（即相关系数的平方）还可得到决定系数 r^2 值。

若无 r 值表，在 Excel 中做相关系数的显著性测验也可采用 t 测验法。根据公式 3-4-4 和公式 3-4-5，可在 F7 单元格中输入 Excel 公式 "=SQRT((1-F4^2)/(COUNTA(A4:A11)-2))" 得到 S_r，然后再于 F8 中输入 "=F4/F7" 计算出 t 值，最后在 F9 中输入显著性检验的 Excel 判别公式："=IF(F8<TINV(0.05, COUNTA(A4:A11)-2),"相关不显著", IF(F8<TINV(0.01, COUNTA(A4:A11)-2),"相关显著","相关极显著"))" 即可得出结论（图 3-4-4）。

	A	B	C	D	E	F
1	表3-4-2	5月中旬降水量与6月上、中旬黏虫发生量				
2	年份	降水量（mm）	黏虫发生量（头/100m²）		计算结果	
3		x	y			
4	第1年	46.1	355		相关系数 $r=$	0.916783
5	第2年	31.9	251		决定系数 $r^2=$	0.840492
6	第3年	55.4	388		相关系数的 t 测验：	
7	第4年	30.6	123		$S_r=$	0.163048
8	第5年	50.6	377		$t=$	5.622772
9	第6年	24.8	53		结论：	相关极显著
10	第7年	40.2	359			
11	第8年	28.6	103			

图 3-4-4　降水量与黏虫发生量资料输入及计算结果图示

二、直线回归分析

【例3-4-7】利用Excel工作表函数和图表向导对例3-4-3中8个水稻品种的生育期与产量资料进行回归分析。

将表3-4-4资料输入到Excel工作表后，先在F4单元格插入函数"＝CORREL（B4：B11，C4：C11）"得到相关系数r，并对r进行显著性测验（方法同相关分析）。若不显著，则不需要再进行回归分析。本例$r=0.95466$，测验结果表明回归关系极显著（图3-4-5）。

	A	B	C	D	E	F
1	表3-4-4	水稻品种生育期与产量关系				
2	品	生育期（d）	产量（kg/hm²）			
3	种	x	y			
4	A	112	5565		相关系数$r=$	0.95466
5	B	114	5730		决定系数$r^2=$	0.911375
6	C	116	6225		相关系数的t测验：	
7	D	119	6615		$S_{\bar{r}}=$	0.121535
8	E	123	6570		$t=$	7.85502
9	F	128	6915		结论：	回归极显著
10	G	129	7185			
11	H	131	7110			

图3-4-5 水稻品种的生育期与产量资料输入及回归显著性测验结果图示

进行回归分析可运用图表向导进行，其基本步骤如下：

1. 选择图表类型并做"XY散点图" 单击菜单栏"插入"选择"图表"命令（图3-4-6），弹出"图表向导－4步骤之1－图表类型"对话框，选择"XY散点图"；单击"下一步"后弹出"图表向导－4步骤之2－图表源数据"对话框，在"数据区域"内输入观察值所在单元格区域（本例为$B$4：$C$11）；单击"下一步"后弹出"图表向导－4步骤之3－图表选项"对话框，在标题中输入X、Y轴名称（图3-4-7），单击"完成"便出现XY散点图（图3-4-8）。

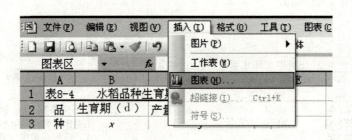

图3-4-6 菜单栏中"插入→图表"命令图示

2. 添加趋势线 单击菜单栏中"图表"选择"添加趋势线"命令，弹出"添加趋势线"对话框，选择趋势线"类型"，例3-4-6为"线性"；勾选"选项"中的"显示公式"前的方框，单击"确定"（图3-4-9），在散点图上即显示出直线回归方程和回归直线图示（图3-4-10）。

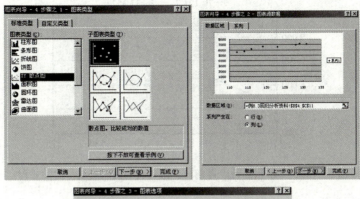

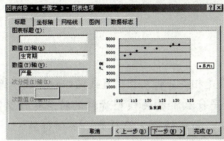

图3-4-7 "图表向导"对话框步骤图示

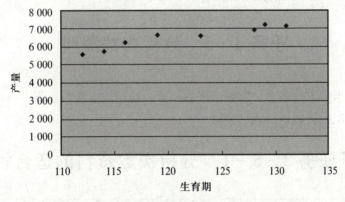

图3-4-8 水稻品种生育期与产量资料的XY散点图

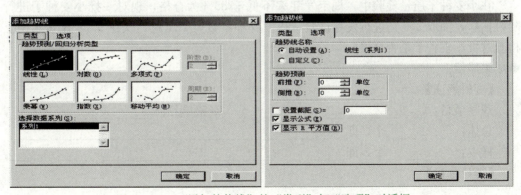

图3-4-9 "添加趋势线"的"类型"与"选项"对话框

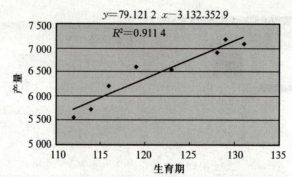

图 3-4-10　水稻品种生育期与产量资料的回归直线与回归方程

思与练

1. 什么是回归分析？什么是相关分析？利用直线回归和相关分析方法时，应注意哪些问题？
2. 回归模型资料的特点是什么？相关模型资料的特点是什么？
3. a、b、r、S_b、S_r、$S_{y\cdot x}$ 的统计意义是什么，如何计算？
4. 如何进行回归关系的假设测验？
5. 如何绘制直线回归图？

任务 3-5　分析次数资料

【知识目标】理解卡平方的概念，掌握卡平方（χ^2）检验的方法与步骤。
【能力目标】能对次数资料进行统计分析。

子任务 3-5-1　分析次数资料的适合性

◆任务清单：
　　在小麦种子质量检验中，规定发芽率不低于 85% 为合格，现对一批小麦种子进行随机抽样，抽取 300 粒进行发芽试验，得发芽种子数为 231 粒，试在 0.05 显著水平上检验这批小麦种子是否合格？

◆成果展示：
【资料解读】
观察项目：_____；观察单元：_____。
总体：_____ 个，即 _____。
样本：_____ 个，即 _____。
【统计分析】

子任务 3-5-2　分析次数资料的独立性

◆**任务清单**：

为研究不同玉米品种瘤黑粉病的发病情况，调查 5 个品种的健株和病株结果如下表，试分析不同玉米品种瘤黑粉病发生情况是否相同（即病发病情况与品种是否有关）？

表　5 个玉米品种瘤黑粉病发病情况调查结果

品种	A	B	C	D	E
健株数	221	230	239	188	247
病株数	39	19	17	149	25
合计	260	249	256	337	272

◆**成果展示**：

【资料解读】

观察项目：_____；观察单元：_____。

总体：_____个，即_____。

样本：_____个，_____。

【统计分析】

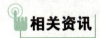

资讯 3-5-1　卡平方（χ^2）的概念和测验原理

农业科学研究中所获取的资料，除数量性状资料外，还有质量性状资料。质量性状难以用数量来表示，一般用各属性类别出现的次数多少表示，这种用出现次数表示的资料也称次数资料或计数资料。计数资料表现为不连续，对不连续的计数资料各属性类别间的显著性检验方法多用卡平方（χ^2）检验。卡平方（χ^2）检验是分析计数资料在某种假设下，其实际观察所得次数与理论次数间的差异显著性及性状间的相关显著性检验。

一、卡平方（χ^2）的概念

卡平方（χ^2）测验是判断计数资料在某种假设下，其实际观察所得的次数与理论次数间的差异是由于误差造成的还是本质原因造成的。χ^2 值计算的基本公式为：

$$\chi^2 = \sum_{i=1}^{k} \frac{(O_i - E_i)^2}{E_i} \qquad (3\text{-}5\text{-}1)$$

式中：O_i 为观察次数，E_i 为理论次数，k 为组数。

如果理论次数与实际次数完全相符，则 $\chi^2=0$；如果理论次数与实际次数差异增大，χ^2 值也增大，并且有可能达到无限。增大到什么程度才能判断差异显著，需要借助 χ^2 分布并进行 χ^2 显著性测验。

二、卡平方（χ^2）分布

理论研究证明，χ^2 分布为正偏态分布，其分布特点为：

（1）χ^2 分布没有负值，均为 $0\sim+\infty$，即在 $\chi^2=0$ 的右边，为正偏态分布。

（2）χ^2 分布为连续性分布，而不是间断性的。

（3）χ^2 分布曲线是一组曲线，每一个不同的自由度都有一条相应的 χ^2 分布曲线。

（4）χ^2 分布的偏斜度随自由度 ν 不同而变化。当 $\nu=1$ 时，偏斜最厉害，ν 增大则曲线逐渐趋向对称而接近正态分布曲线。当 $\nu\to\infty$ 时，则为正态分布。图 3-5-1 为几个不同自由度的 χ^2 分布曲线。

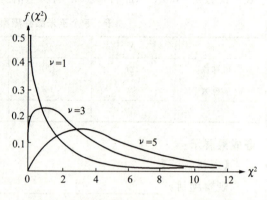

图 3-5-1　不同自由度的 χ^2 分布曲线

附表 8 列出不同自由度时 χ^2 的一尾（右尾）概率表，可供次数资料的 χ^2 测验时使用。

三、卡平方（χ^2）的连续性矫正

χ^2 分布是连续性的，而次数资料则是间断性的。由间断性资料算得的 χ^2 值有偏大的趋势，尤其在 $\nu=1$ 时，需做适当的矫正，才能适合 χ^2 的理论分布，这种矫正称为连续性矫正。其方法是：在计算观察次数与理论次数的偏差时，将各偏差的绝对值都减 $1/2$，即 $|O-E|-1/2$，这样可以使概率接近于 χ^2 分布的真实概率。矫正后的 χ^2 用 χ_c^2 表示，即：

$$\chi_c^2=\sum_{i=1}^{k}\frac{\left(|O_i-E_i|-\frac{1}{2}\right)^2}{E_i} \qquad (3-5-2)$$

对于 $\nu=1$ 的样本，在计算 χ^2 值时，必须做连续性矫正，而对 $\nu\geqslant 2$ 的样本则可以不做连续性矫正。

四、卡平方（χ^2）测验步骤

χ^2 显著性测验的原理与总体平均数的假设测验的原理一样，均采用小概率事件实际不可能性原理。其测验步骤如下：

（1）提出假设。H_0：观察次数与理论次数的差异由取样误差所引起。H_A：观察次数与理论次数间存在真实差异。

（2）规定显著水平。显著水平一般取 $\alpha=0.05$ 或 $\alpha=0.01$。

（3）测验计算。在无效假设正确的前提下，计算 χ^2 值。由式 3-5-1 或式 3-5-2 计算 χ^2 值后，按自由度 $\nu=n-1$，查 χ^2 值表（附表 8），将算得的 χ^2 值与 $\chi_{\alpha,\nu}^2$ 值进行比较。

（4）推断。依检验结果所得概率值的大小，做出接受或否定 H_0 的结论。

在实际应用时，往往不计算具体的概率值，而是依据 χ^2 与 P 的关系直接得出结论。如果实得的 $\chi^2 < \chi^2_{\alpha,\nu}$ 时，则 $P > \alpha$，接受 H_0，即认为观察次数与理论次数相符，其差异由取样误差所造成。如果实得的 $\chi^2 > \chi^2_{\alpha,\nu}$，则 $P < \alpha$，否定 H_0，即认为观察次数与理论次数差异显著或差异极显著。

资讯 3–5–2　适合性测验

比较判断实验的属性类别数据分配是否与已知属性类别分配理论、分配比例或学说的假设的测验为适合性测验。这类试验在研究工作中应用广泛，目的在于探求试验结果是否符合某种理论假设，其特点是理论假设有一定的理论比例。由于试验结果表现的种类多少不同，一般分为两组试验资料的适合性测验及多组试验资料的适合性测验。

一、两组试验资料的适合性测验

试验结果只有两类性状的资料的测验为两组试验资料的适合性测验。

【例 3–5–1】在果树育种中用油桃和毛桃杂交，所得 F_1 代经自交后得 F_2 代杂种实生苗 168 株，其中果皮有茸毛的 132 株，无茸毛的 36 株（表 3–5–1），问果皮茸毛的遗传是否受一对基因控制？

表 3–5–1　两种桃杂交 F_2 代遗传测验

果皮茸毛	观察株数 O	理论株数 E	$O-E$	$\dfrac{(\lvert O_i - E \rvert - \frac{1}{2})^2}{E}$
有	132	126	6	0.240 1
无	36	42	−6	0.720 2
总数	168	168	0	0.960 3

两组资料的自由度 $\nu = k - 1 = 2 - 1 = 1$，在计算 χ^2 值时，需要进行连续性矫正，其检验步骤如下：

(1) 提出假设。H_0：有毛与无毛的比例为 3∶1，即桃果皮茸毛受一对基因控制；H_A：不符合 3∶1 分离规律。

(2) 测验计算。

$$\chi^2_c = \sum_{i=1}^{k} \frac{(\lvert O_i - E_i \rvert - \frac{1}{2})^2}{E_i} = \frac{(\lvert 132 - 126 \rvert - \frac{1}{2})^2}{126} + \frac{(\lvert 36 - 42 \rvert - \frac{1}{2})^2}{42} = 0.960\ 3$$

查 χ^2 值表，当 $\nu = k - 1 = 2 - 1 = 1$ 时，$\chi^2_{0.05} = 3.84$，$\chi^2_{0.01} = 6.63$。

(3) 推断。实得 $\chi^2_c = 0.960\ 3 < \chi^2_{0.05}$，所以接受无效假设 H_0，说明桃果皮茸毛有无这种性状受一对基因控制，符合 3∶1 的遗传规律。

二、多组试验资料的适合性测验

试验结果多于两种情况的资料的测验为多组试验资料的适合性测验。

【例3-5-2】 水稻稃尖色泽的有无和籽粒糯性各受一对等位基因控制。现有一水稻遗传试验，以稃尖有争非糯品种与稃尖无色糯性品种杂交，其F_2代得表3-5-2的结果，试测验实际结果是否符合9：3：3：1的理论比率，即判断这两对等位基因是否彼此独立遗传。

表3-5-2 水稻两对基因遗传的适合测验

表现型	观察株数O	理论株数E	$O-E$	$(O-E)^2$	$\dfrac{(O-E)^2}{E}$
有色非糯	491	417.94	73.06	5 337.763 6	12.771 6
有色糯性	76	139.31	-63.31	4 008.156 1	28.771 5
无色非糯	90	139.31	-49.31	2 431.476 1	17.453 7
无色糯性	86	46.44	39.56	1 564.993 6	33.699 2
总和	743	743	0		92.696 0

多组资料的自由度$\nu=k-1\geqslant 2$，在计算χ^2值时不必作连续性矫正。其检验步骤如下：

(1) 提出假设。H_0：稃尖色泽和糯性两对相对性状受两对各自独立的基因所控制，在F_2代的分离符合9：3：3：1的比例；H_A：不符合9：3：3：1的分离比例。

(2) 测验计算。将数据代入式3-5-1中得：

$$\chi^2=\sum\frac{(O_i-E_i)^2}{E_i}=\frac{73.06^2}{417.94}+\frac{63.31^2}{139.31}+\frac{49.31^2}{139.31}+\frac{39.56^2}{46.44}=92.696\ 0$$

查χ^2值表，当$\nu=k-1=4-1=3$时，$\chi^2_{0.05}=7.81$，$\chi^2_{0.01}=11.34$。

(3) 推断。实得$\chi^2=92.696\ 0>\chi^2_{0.01}$，所以否定无效假设$H_0$，接受备择假设$H_A$，即该水稻稃尖色泽和糯性两对相对性状在$F_2$代实际结果不符合9：3：3：1的理论比例。

资讯3-5-3 独立性测验

在农业试验中，对于一些次数资料，经常需要分析性状间是否关联的问题。例如，研究小麦种子药剂拌种与否和散黑穗病发病程度两类因子之间的关系，若相互独立，表明种子药剂拌种与否和散黑穗病发病程度没有关系，即药剂拌种对防止散黑穗病无效；若彼此关联，那么药剂拌种对防止散黑穗病发病程度有效。这种根据次数资料判断两类因子间是彼此独立还是相互影响的一种统计方法称为独立性测验，其实质是次数资料相关关系的研究。

独立性测验的自由度随变数各自分组数而不同。设横行分r组，纵行分c组，则自由度$\nu=(r-1)\times(c-1)$。卡平方分布除应用于适合性检验外，还适用于独立性检验。下面举例说明各种类型资料的测验方法。

一、2×2表的独立性测验

所谓2×2相依表是指横行$r=2$组、纵行$c=2$组的相依表，其一般形式如表3-5-3所示。表中O_{ij}=表示各组观察值，假设欲了解观察结果中纵横两向的两个处理（或变数）是否相关，则其相应理论次数为对应组的总和相乘除以总次数，即：$E_{ij}=R_iC_j/n$。

在进行独立性测验时，由于自由度$\nu=(2-1)\times(2-1)=1$，故计算χ^2值时需做连续性矫正。

表 3-5-3　2×2 表的一般化形式

	1	2	横行总和
1	O_{11}	O_{12}	R_1
2	O_{21}	O_{22}	R_2
纵行总和	C_1	C_2	n

【例 3-5-3】在防治小麦散黑穗病试验中，调查种子经过灭菌处理与未经灭菌处理的小麦发生散黑穗病的穗数，得相依表 3-5-4。试分析种子灭菌与否和散黑穗病的穗数多少是否有关系。

(1) 建立假设。无效假设 H_0：种子灭菌与否和散黑穗病穗数多少无关，即两者相互独立；H_A：种子灭菌与否和散黑穗病穗数多少有关。

(2) 测验计算。根据两者相互独立的假设，计算各组理论次数，在此试验中发病穗占全试验比率 $P_1=210/460$，全试验灭菌数比率为 $P_2=76/460$，那么在 460 穗小麦穗中既是种子灭菌，又是发病穗数的比率为 $P=(210/460)\times(76/460)$，其理论次数 $E_{11}=460\times(210/460)\times(76/460)=210\times(76/460)=34.7$，其他组的理论次数均可按此法计算，并填入表 3-5-4 中。

表 3-5-4　防治小麦散黑穗病观察结果

处理项目	种子灭菌	种子未灭菌	总计
发病穗数	26 (34.7)	184 (175.3)	210
未发病穗数	50 (41.3)	200 (208.7)	250
总　　数	76	384	460

由上所述，其理论次数计算方法为：每一实测值相应的理论次数等于对应组的总和相乘除以总次数，且由于每组的理论次数的总和必等于其组实测值的总和。因此，求出其中一个理论次数后，可用组总和数减去已求出的理论次数，即可得另一个理论次数。根据 3-5-2 式可得：

$$\chi_c^2=\sum_{i=1}^{k}\frac{(|O_i-E_i|-\frac{1}{2})^2}{E_i}=\frac{(|26-34.7|-\frac{1}{2})^2}{34.7}+\cdots+\frac{(|200-208.7|-\frac{1}{2})^2}{208.7}=4.267$$

查 χ^2 值表，当 $\nu=(2-1)\times(2-1)=1$ 时，$\chi_{0.05}^2=3.84$，$\chi_{0.01}^2=6.63$。

(3) 推断。实得 $\chi_c^2=4.267>\chi_{0.05}^2$，所以应否定 H_0，而接受 H_A。即说明种子灭菌与否和散黑穗病发病的高低有关，也就是说灭菌对防治小麦散黑穗病有一定的效果。

2×2 表的独立性测验也可不计算理论次数，而直接用实际观察次数计算 χ_c^2 值。从表 3-5-4 中各个次数可以得到：

$$\chi_c^2=\frac{n(|O_{11}O_{22}-O_{12}O_{21}|-\frac{n}{2})^2}{C_1C_2R_1R_2} \quad (3-5-3)$$

将本例观察次数代入 3-5-3 式可得：

$$\chi_c^2=\frac{460\times(|26\times200-184\times50|-\frac{460}{2})^2}{76\times384\times210\times250}=4.267$$

结果与上面式计算相同。

二、2×c 表的独立性测验

2×c 表是指横行分为两组，纵行分为 $c \geq 3$ 组的相依表资料。在进行独立测验时其自由度 $\nu=(2-1)\times(C-1)=C-1$，其一般形式如表 3-5-5。

表 3-5-5 2×c 表的一般化形式

横行因素	纵 行 因 素					总计
	1	2	…	j	…	c	
1	O_{11}	O_{12}	…	O_{1j}	…	O_{1c}	R_1
2	O_{21}	O_{22}	…	O_{2j}	…	O_{2c}	R_2
总计	C_1	C_2	…	C_j	…	C_c	n

由于 $c-1 \geq 2$，故不需要做连续性矫正。计算 χ^2 时，可以先计算各项理论值（方法同 2×2 表的测验：$E_{ij}=R_iC_j/n$），也可以根据下式免去理论值的计算：

$$\chi^2 = \frac{n^2}{R_1R_2}\left[\sum\left(\frac{O_{1i}^2}{C_i} - \frac{R_1^2}{n}\right)\right] \qquad (3-5-4)$$

【例 3-5-4】为了解某苹果开花花期不同与坐果的关系，调查立夏前的第一批花 200 朵、坐果 72 个，立夏至小满第二批花 150 朵、坐果 48 个，小满以后第三批花 50 朵、坐果 3 个（表 3-5-6），问坐果高低与开花期是否有关？

表 3-5-6 某苹果花期与坐果关系的相依表

	立夏前	立夏至小满	小满后	横行总和
坐果花数	72 (O_{11})	48 (O_{12})	3 (O_{13})	123 (R_1)
未坐果花数	128 (O_{21})	102 (O_{22})	47 (O_{23})	277 (R_2)
纵横行总和	200 (C_1)	150 (C_2)	50 (C_3)	400 (n)

（1）建立假设。H_0：开花期不同对苹果坐果率的影响是相同的，即坐果率与开花期早晚无关；H_A：两者有关。

（2）测验计算。

$$\chi^2 = \frac{(72-61.5)^2}{61.5} + \frac{(48-46.1)^2}{46.1} + \cdots + \frac{(47-34.6)^2}{34.6} = 17.18$$

查 χ^2 表，当 $\nu=(2-1)\times(3-1)=2$ 时，$\chi^2_{0.05}=5.99$，$\chi^2_{0.01}=9.21$。

（3）推断。实得 $\chi^2=17.18 > \chi^2_{0.01}=9.21$，所以否定无效假设 H_0，说明开花期与坐果率有关，开花期极显著地影响坐果率。

计算 χ^2 时，也可以直接用式 3-5-4 计算：

$$\chi^2 = \frac{n^2}{R_1R_2}\left[\sum\left(\frac{O_{1i}^2}{C_i} - \frac{R_1^2}{n}\right)\right] = \frac{400^2}{123\times277}\left[\left(\frac{72^2}{200} + \frac{48^2}{150} + \frac{3^2}{50}\right) - \frac{123^2}{400}\right] = 17.082$$

其结果与上面计算略有差异，这主要是由于用公式 3-5-1 所需计算理论值保留小数倍数后的差异。

三、$r \times c$ 表的独立性测验

$r \times c$ 是指 $r \geq 3$ 且 $c \geq 3$ 的计数资料，其 $\nu = (r-1) \times (c-1) > 2$，故不需要进行连续性矫正，其一般形式如表 3-5-7。

表 3-5-7 $r \times c$ 表的一般化形式

横行因素	纵行因素					总计
	1	2	⋯	j	⋯	c	
1	O_{11}	O_{12}	⋯	O_{1j}	⋯	O_{1c}	R_1
2	O_{21}	O_{22}	⋯	O_{2j}	⋯	O_{2c}	R_2
⋮	⋮	⋮	⋮	⋮	⋮	⋮	⋮
i	O_{i1}	O_{i2}	⋯	O_{ij}	⋯	O_{ic}	R_i
⋮	⋮	⋮	⋮	⋮	⋮	⋮	⋮
r	O_{r1}	O_{r2}	⋯	O_{rj}	⋯	O_{rc}	R_c
总计	C_1	C_2	⋯	C_j	⋯	C_c	n

在进行显著性测验时，可以用公式 3-5-1 计算，也可以不计算理论值而利用下式直接计算 χ^2 值。

$$\chi^2 = n \left[\sum \left(\frac{O_{ij}^2}{R_i C_j} \right) - 1 \right] \quad (3-5-5)$$

【例 3-5-5】调查某苹果不同树龄各类枝组坐果数列表 3-5-8，试测试坐果能力是否与枝组大小有关？

表 3-5-8 苹果不同年龄各类枝组坐果情况

树龄	大枝组坐果	中枝组坐果	小枝组坐果	合计
15	109 (O_{11})	40 (O_{12})	80 (O_{13})	229 (R_1)
22	147 (O_{21})	39 (O_{22})	95 (O_{23})	281 (R_2)
48	149 (O_{31})	100 (O_{32})	107 (O_{33})	356 (R_3)
合 计	405 (C_1)	179 (C_2)	282 (C_3)	866 (n)

(1) 建立假设。无效假设 H_0：坐果能力与枝组大小无关；H_A：有关。

(2) 测验计算。根据 3-5-5 式得：

$$\chi^2 = n \left[\sum \left(\frac{O_{ij}^2}{R_i C_j} \right) - 1 \right] = 866 \left[\left(\frac{109^2}{405 \times 229} + \frac{40^2}{179 \times 229} + \cdots + \frac{107^2}{282 \times 356} \right) - 1 \right] = 21.8240$$

查 χ^2 表，当 $\nu = (3-1) \times (3-1) = 4$ 时，$\chi^2_{0.05} = 9.49$，$\chi^2_{0.01} = 13.28$。

(3) 推断。实得 $\chi^2 = 21.8240 > \chi^2_{0.01}$，故否定 H_0，差异极显著，即坐果能力受枝组大小的影响非常大。

资讯 3-5-4 Excel 在卡平方测验中的应用

一、Excel 在适合性测验中的应用

利用 Excel 工作表函数和公式进行适合性测验，其计算更简便、快捷。下面以实例说明

利用 Excel 工作表函数和公式进行适合性测验的操作步骤。

【例 3-5-6】 利用 Excel 公式和工作表函数对例 3-5-2 中水稻两对性状是否符合 9∶3∶3∶1 的独立遗传比例进行适合性测验。

将两对性状的 F_2 四种表现型的观察株数和理论比例值输入到 Excel 工作表的 A～C 列中。在 D2 单元格输入公式"＝＄B＄7＊C3/＄C＄7",并粘贴到 D4～D6 单元格中,求出各表现型的理论株数。

在 E3 单元格输入公式"＝(B3－D3)^2/D3"并粘贴到 E4～E6 单元格中,求出各表现型的 $(O-E)^2/E$,在 B11 单元格中输入"＝SUM(E3:E6)",即得卡平方(χ^2)值为 92.71。此时就可得出结论,如图 3-5-2 所示。

	A	B	C	D	E	F	G	H	I
1	例3-5-2	水稻两对基因遗传的适合性检验							
2	表现型	观察株数O	理论比例	理论株数E	$(O-E)^2/E$				
3	有色非糯	491	9	417.94	12.77				
4	有色糯性	76	3	139.31	28.77				
5	无色非糯	90	3	139.31	17.46				
6	无色糯性	86	1	46.44	33.71				
7	总和	743							
8	H_0:性状分离比不符合9∶3∶3∶1分离比。								
9	H_A:性状分离比符合9∶3∶3∶1分离比。								
10									
11	卡方值χ^2	92.71							
12	结论:因实得卡方值为92.71,大于3.84(尾部概率为0.05时的临界值),否定H_0。即符合9∶3∶3∶1。								

图 3-5-2 水稻两对性状独立遗传的适合性测验图示

当然,求出卡平方值后,也可以再利用 CHIDIST 函数求出卡平方值对应的概率,由概率值大小得出结论。本例中输入"＝CHIDIST(B11,4－1)",求出 $\chi^2=92.71$ 的右尾概率值为 $5.7×10^{-20}$,由于该值＜0.01,由此可以判断这两对性状极显著不符合理论比例。

对需要做连续性矫正的适合性测验资料($k=2$),只需在 E3 单元格改为输入公式 "＝(ABS(B3－CD)－0.5)^2/D3" 并粘贴到下方单元格中即可。

二、Excel 在独立性测验中的应用

1. 2×2 表的适合性测验 由于需要做连续性矫正,可利用公式 3-5-3 进行计算分析。

【例 3-5-7】 利用 Excel 公式和工作表函数,对例 3-5-3 中小麦种子灭菌与否和散黑穗病的穗数多少是否有关系进行独立性测验。

这里采用不计算理论次数,而直接用实际观察次数计算 χ_c^2 值的公式,即公式 3-5-3 来计算。其计算方法如下:

输入试验资料后,在 B6 单元格中输入公式"＝(D4＊(ABS(B2＊C3－B3＊C2)－D4/2)^2)/(B4＊C4＊D2＊D3)",求出 χ_c^2 值为 4.267,公式输入及卡平方值如图 3-5-3 所示。

求出卡平方值后,可以利用 χ^2 分布的右尾概率函数 CHIDIST 求出概率值。公式输入及概率值如图 3-5-4 所示,并做出结论。

结论:因该资料卡平方值对应的概率为 0.039 小于 0.05,即种子灭菌与散黑穗病数无关为小概率事件,即不正确,也就是无效假设不正确,应接受备择假设。即种子灭菌与散黑穗病数有关,即种子灭菌能减轻黑穗病发病程度。

分析试验结果 项目 3

	B8	▼	f_x	=(D4*(ABS(B2*C3-B3*C2)-D4/2)^2)/(B4*C4*D2*D3)	
	A	B	C	D	E	F
1	处理措施	种子灭菌	种子未来灭菌	总数		
2	发病穗数	26	184	210		
3	未发病穗数	50	200	250		
4	总数	76	384	460		
5	H_0:种子灭菌与散黑穗发病程度无关					
6	H_A:种子灭菌与散黑穗发病程度有关					
7						
8	χ_c^2	4.267				

图 3-5-3 小麦种子灭菌和散黑穗病穗数关系的卡平方值计算

	B9	▼	f_x	=CHIDIST(4.267,1)	
	A	B	C	D	E
1	处理措施	种子灭菌	种子未来灭菌	总数	
2	发病穗数	26	184	210	
3	未发病穗数	50	200	250	
4	总数	76	384	460	
5	H_0:种子灭菌与散黑穗发病程度无关				
6	H_A:种子灭菌与散黑穗发病程度有关				
7					
8	χ_c^2	4.267			
9	概率值 P	0.039			

图 3-5-4 小麦种子灭菌和散黑穗病穗数关系的概率值计算

2. r×c 表的适合性测验 不需要做连续性矫正,可直接利用独立性检验函数 CHITEST 计算出 χ^2 分布的右尾概率值。CHITEST 函数形式为 CHITEST(actual_range, expected_range),其中 actual_range 为包含观察值的数据区域,而 expected_range 为相对应的理论值。

【例 3-5-8】利用 CHITEST 函数对例 3-5-5 中某苹果的坐果能力与树龄大小关系进行独立性测验。

这里采用卡平方检验函数 CHITEST 来计算卡平方值的概率。用检验函数 CHITEST 来计算概率,需先计算各观测值的理论值。

在 B2~D4 单元输入观察结果资料,并提出假设。在 H2 单元格中输入公式"=＄E2*B＄5/＄E＄5"并粘贴到 H3~H4 以及 I2~J4 单元格,求各观察值的相应理论数。

然后输入"=CHITEST(B2:D4,H2:J4)",求得 χ^2 分布的右尾概率为 0.000 22,由于该值<0.01,因此可以判断苹果的坐果能力与树龄大小有极显著相关,如图 3-5-5 所示。也可以利用"数据分析"进行 CHITEST 检验,这里不再讲述。

	A1	▼	f_x	树龄							
	A	B	C	D	E	F	G	H	I	J	K
1	树龄	大枝组坐果	中枝组坐果	小枝组坐果	合计		树龄	大枝组坐果	中枝组坐果	小枝组坐果	
2	15	109	40	80	229		15	107.10	47.33	74.57	
3	22	147	39	95	281		22	131.41	58.08	91.50	
4	48	149	100	107	356		48	166.49	73.58	115.93	
5	合计	405	179	282	866						
6											
7	H_0:坐果能力与枝组大小无关。						概率值 P=		0.00022		
8	H_A:坐果能力与枝组大小有关。						结论:H_0 不正确,即坐果能力与枝组大小有关。				

图 3-5-5 苹果的坐果能力与树龄大小关系的独立性测验图示

思与练

1. 适合性检验的资料特点是什么？
2. 适合性检验中，各属性类别的理论值怎样计算？其自由度怎样计算？
3. 独立性检验的资料特点是什么？各属性类别的理论值怎样计算？
4. 独立性检验与适合检验区别是什么？
5. 调查不同密度下某玉米品种每株所结穗数的资料如下，试检验玉米每株穗数与种植密度是否有关？

不同密度下玉米每株穗数

种植密度	空杆	一穗株	双穗及多穗株
4 000	5	113	41
5 000	29	273	22
6 000	124	312	12

项目 4　总结试验

- **知识目标**：系统学会从选题、设计与实施试验、收集与分析资料到总结的试验研究全过程；掌握试验总结的基本格式与编写的基本要求。
- **技能目标**：能独立或 2～3 人协作，完整地承担一个试验工作全过程并在对试验资料进行正确分析后做出合理的结论，最后写出一份试验总结报告。
- **素质目标**：培养实事求是、一丝不苟的科学态度；具备团队协作精神，勇于坚持自己的正确观点、修正自己的错误观点、协调别人的不同观点；提高自己分析问题、解决问题的能力；敢于承担责任，坚持用科学的结论指导农业生产。

任务 4-1　编写试验总结提纲

【知识目标】掌握试验总结提纲编写的基本知识。
【能力目标】能对试验素材进行结果分析，正确选取写作素材，会编写试验总结提纲。

子任务 4-1-1　分析、筛选试验资料

◆ 任务清单：
　　结合对自己毕业论文试验资料的整理与分析的初步结果，根据试验总结报告写作规范要求拟定试验总结的题目、报告主题及筛选主要材料元素。

◆ 成果展示：
　　总结名称：_____。
　　报告主题：_____。
　　主要写作素材描述：
　　　1. _____。
　　　2. _____。
　　　3. _____。
　　　4. _____。

子任务 4-1-2　草拟试验总结写作提纲

◆**任务清单：**

根据子任务 4-1-1 筛选的试验素材，认真阅读试验总结写作规范要求，若拟进行投稿，要先弄清杂志的投稿指南，然后确定要写什么、写多长、怎么写？在与课题组成员反复共同讨论商榷哪些资料是有用的、应该如何利用的基础上，根据写作要求，勾画出写作思路，并形成写作提纲。

◆**成果展示：**

写作提纲：_____。
前言的逻辑主线：_____
_____。
材料与方法的写作内容：
1. _____。
2. _____。
3. _____。
4. _____。
结果与分析的分析要点：
1. _____。
2. _____。
3. _____。
4. _____。
小结的写作内容：_____
_____。

相关资讯

资讯 4-1-1　试验总结报告提纲的编写要求

一、试验总结报告提纲的编写方法

试验结束后，在进行试验总结之前，课题组成员要认真阅读试验总结写作规范要求，若拟进行投稿，要先弄清杂志的投稿指南，然后确定要写什么、写多长、怎么写？

根据写作要求，在反复讨论商榷的基础上勾画出写作思路，共同讨论哪些资料是有用的，应该如何利用，并形成编写提纲。

写作提纲的主线（即写作顺序）必须保证论证过程有严密的逻辑性。试验总结的格式一般由前言、材料与方法、结果与分析、小结或讨论四个部分组成，在编写提纲时可按照这一框架罗列各部分的写作思路、内容提要、需要用到的图表等内容。

二、试验总结报告提纲的编写范例

【例 4-1-1】试验总结报告提纲编写范例

《不同水稻品种的节水栽培综合技术措施研究》编写提纲

1 前言

逻辑主线：我国水资源现状→传统水稻种植方式对水的依赖→水稻高效节水栽培的重要性及可行性→本试验的意义和作用。

2 材料与方法

2.1 试验基本情况：时间与地点、环境条件。

2.2 试验方案设计：3 个品种、4 种节水措施，12 个处理，无重复双因素设计，小区宽 1.8 m、长 11 m，面积 19.8 m^2，8 行区。

2.3 观察记载及分析测定项目：罗列所观察的性状；土壤水分测定方法及计算公式。

2.4 田间主要管理措施：播种育秧→整地移栽→施肥管理→水分管理→病虫草害的防治。

3 结果与分析

3.1 营养生长动态：秧苗期生长情况（保水措施育秧效果图）→营养生长期表现（定性描述根、叶、蘖的动态，节水栽培与水田栽培根系比较图）。

3.2 土壤水分状况：土壤水分测定结果表→展开分析。

3.3 产量表现：各处理的产量结果表→无重复双因素方差分析→对保水措施之间和品种间的产量分别做多重比较。

4 小结

内容要点：归纳分析结果，指出水稻节水栽培的可行性和应用前景及需要改进的问题。

任务 4-2 撰写试验总结

【知识目标】掌握试验总结报告写作的基本格式及内容要求。
【能力目标】能对试验素材进行合理加工选取，正确运用语言文字，撰写试验总结报告。

子任务 4-2-1 阅读参考文献

◆任务清单：

根据自己的选题，查阅相关参考文献，并对参考文献的内容提要进行描述。

◆成果展示：

文献 1 内容提要：_____

_____。

文献 2 内容提要：_____
_____。

文献 3 内容提要：_____
_____。

文献 4 内容提要：_____
_____。

文献 5 内容提要：_____
_____。

文献 6 内容提要：_____
_____。

文献 7 内容提要：_____
_____。

文献 8 内容提要：_____
_____。

其他文献综述：_____
_____。

子任务 4-2-2　撰写试验总结报告

◆**任务清单：**

根据自己的选题，结合自己的试验素材，按照拟订的试验总结提纲，撰写一份试验总结报告。

◆**成果展示：**

【内容摘要】

资讯 4-2-1　试验总结报告的写作

农业科学研究工作中，为了创造新品种、探索新技术、观察植物的生育表现等，在田间调查、观察记载、收获计产、室内鉴定和统计分析等完成后，最后获得试验结果，一般都要求写一份试验总结。它是对研究成果的总结和记录，是进行新技术推广的重要手段，把表达试验全过程的文字材料称试验报告或称试验总结。

一、试验总结的主要内容

试验总结的主要内容包括以下几个方面：

1. 标题 标题是试验总结报告内容的高度概括，也是读者窥视全文的窗口，因此一定要下功夫拟好标题。标题的拟定要满足以下几点要求：一是确切，即用词准确、贴切，标题的内涵和外延应能清楚且恰如其分地反映出研究的范围和深度，能够准确地表述报告的内容，名副其实。二是具体，就是不笼统、不抽象。例如内容非常具体的一个标题"河南省大豆孢囊线虫病的分布特点、寄生范围和危害程度的研究"，若改成"大豆孢囊线虫病的研究"就显得笼统。三是精短，即标题要简短精练、文字得当，忌累赘烦琐。例如"豫西地区深秋阴雨低温天气对当地麦茬稻、春稻籽粒灌浆曲线的影响以及不同年份同一水稻品种千粒重变化特点的研究"，显然冗长、啰唆，若改成"灌浆后期的低温天气对豫西水稻千粒重的影响"就显得简练多了。四是鲜明，即表述观点不含混，不模棱两可。五是有特色，标题要突出论文中的独创内容，使之别具特色。

拟写标题时还要注意：一要题文相符，若研究工作不多或仅做了平常的试验，却冠以"×××的研究"或"×××机理的探讨"等就不太恰当，如果改成"×××问题的初探"或"对×××观察"等较为合适。二要语言明确，即试验报告的标题要认真推敲，严格限定所述内容的深度和范围。三要新颖简要，标题字数一般以9~15字为宜，不宜过长。四要用语恰当，不宜使用化学式、数学公式及商标名称等。五要居中书写，若数字较多需转行，断开处在文法上要自然，且两行的字数不宜差距过大。

2. 署名 标题下要写出作者姓名及工作单位。个人论文，个人署名；集体撰写论文，要按贡献大小依次署名。署名人数一般不超过6人，多出者以脚注形式列出，工作单位要写全称。

3. 摘要 摘要写作时要求做到短、精、准、明、完整和客观。短即行文简短扼要，字数一般为150~300字；精即字字推敲，添一字则显多余，减一字则显不足；准即忠实于原文，准确、严密地表达论文的内容；明即表述清楚明白、不含混；完整即应做到结构严谨、语言连贯、逻辑性强；客观即如实地浓缩本文内容，不加任何评论。摘要有时在试验总结中也可省略。

4. 正文 正文主要包括引言或前言、材料和方法、结果与分析、小结等内容。

（1）引言或前言。其主要包括试验研究的背景、理由、范围、方法、依据等。写作时注意谨慎评价，切忌自我标榜、自吹自擂；不说客套话，长短适宜，一般为300~500字。

（2）材料和方法。要将试验材料、仪器、试剂、设计和方法写清楚，力求简洁。材料包括材料的品种、来源、数量；试验设计要写清是随机区组试验还是其他试验，试验地的位置、地力基础、前茬作物等；试验方法要说明采用何种方法、试验过程、观察与记载项目和方法等。

（3）结果与分析。其是论文的"心脏"，内容包括：一要逐项说明试验结果。二要对试验结果做出定性、定量分析，说明结果的必然性。在写作时要注意：一要围绕主题，略去枝蔓，选择典型、最有说服力的材料，紧扣主题来写。二要实事求是反映结果。三要层次分明、条理有序。四要多种表述，配合适宜，要合理使用表、图、公式等。

(4) 小结。写作时要注意：第一，措词严谨、贴切、不模棱两可，对有把握的结论，可用证明、证实、说明等表述，否则在表述时要留有余地。第二，实事求是地说明结论适用的范围。第三，对一些概括性或抽象性词语，必要时可举例说明。第四，结论部分不得引入新论点。第五，只有在证据非常充分情况下，才能否定别人结论。有时在总结末尾还要写出致谢、参考文献等内容。

二、试验总结写作的特点和要求

（一）试验总结写作的特点

试验总结既有情报交流作用，又有资料保留作用。不少试验总结本身就是很有学术价值的科技文献，因此试验总结在写作时要体现以下特点：

(1) 尊重客观事实。写试验总结必须尊重客观事实，以试验获得的数据为依据。真正反映客观规律，一般不加入个人见解。对试验的内容，观察到的现象和所做的结论，都要从客观事实出发，不弄虚作假。

(2) 以叙述说明为主要表达方式。要如实地将试验的全过程包括方案、方法、结果等，进行解说和阐述，切记用华丽的词语来修饰。

(3) 兼用图表公式。将试验记载获得的数据资料加以整理、归纳和运算，概括为图、表或经验公式，并附以必要的文字说明，不仅节省篇幅，而且有形象、直观的效果。

（二）试验总结写作的要求

试验总结报告是科技工作者写作时经常使用的文体，因此应熟练其写作要求。试验总结报告的写作要求是：

(1) 读者要明确。在动手写试验报告时，要弄清是为哪些人写的，如果是写给上级领导看的，就应该了解他是否是专家。如果不是，在写作时就要尽可能通俗，少用专门术语，若使用术语则要加以说明，还可以用比喻、对比等手法使文章更生动。如果文章的读者是本行专家，文章就应尽可能简洁，大量地使用专门术语、图、表及数字公式。

(2) 内容要可靠。试验报告的内容必须忠实于客观实际，向告知对方提供可靠的报告。无论是陈述研究过程，还是举出收集到的资料、调查的事实、观察试验所得到的数据，都必须客观、准确无误。

(3) 论述要有条理。试验报告的文体重条理、重逻辑性，也就是说只要把情况和结论有条理地依一定逻辑关系提出来，达到把情况讲清楚的目的即可。

(4) 篇幅要短。试验报告的篇幅不要过长，如果内容过多，应用摘要的方式首先说明主要的问题和结论，同时，还应把内容分成章节并用适当的标题突出主要问题。

(5) 观点要明确。客观材料和别人的思考方法要与作者的见解进行严格的区分，作者要在报告中明确地表示出哪些是自己的观点。

有关试验总结的参考范文，同学们可自行到图书馆或上网查阅。

附　表

附表1　随机数字表

8	2	0	3	1	4	5	8	2	1	7	2	7	3	8	5	5	2	9	0	6	3	1	6	4
0	8	7	3	3	1	9	7	5	2	5	7	6	9	8	0	3	6	2	5	1	2	7	5	2
2	3	3	8	6	1	4	2	4	0	2	6	1	8	9	5	2	6	9	8	3	4	0	1	0
4	7	5	5	6	3	0	7	7	1	9	1	6	1	7	4	1	7	1	3	7	9	3	3	7
1	9	3	9	5	3	4	9	5	5	2	7	5	8	0	3	4	8	8	1	2	7	5	3	4
2	8	7	8	1	4	1	4	9	4	2	6	7	2	9	4	6	2	6	1	5	2	8	1	9
8	4	8	5	1	3	9	6	6	0	6	7	2	1	9	0	2	0	6	7	0	6	0	1	3	0
0	3	8	8	4	7	5	1	5	1	7	3	4	5	2	0	7	4	7	9	6	6	7	7	4
3	5	3	1	9	3	7	4	9	5	0	2	0	1	4	6	2	5	4	5	8	5	0	9	2
3	4	5	9	5	2	7	9	8	9	0	5	5	8	5	1	7	7	3	5	5	4	7	7	2
4	1	5	3	0	9	1	3	7	2	5	8	7	1	8	3	6	9	3	7	8	7	9	1	7
7	2	9	5	6	7	8	5	4	5	3	4	5	4	1	9	8	6	7	5	7	9	3	1	8
5	9	2	8	9	8	6	4	4	1	5	3	7	7	0	8	0	2	5	6	0	6	1	2	0
1	3	3	3	9	0	5	2	8	7	4	0	9	0	3	7	3	1	7	9	4	5	5	2	8
4	6	0	1	0	8	6	2	1	0	5	0	3	1	5	4	9	0	0	3	7	4	7	0	1
7	7	0	6	6	3	2	8	8	5	8	9	5	6	4	0	5	9	1	8	0	5	4	9	4
3	3	8	5	7	5	7	4	3	4	5	7	9	6	9	5	0	0	7	7	6	6	8	5	9
9	1	7	1	3	6	9	2	9	1	9	4	2	3	3	0	8	1	8	7	7	6	4	7	2
6	2	2	8	0	9	4	5	3	7	2	5	4	6	6	5	6	6	5	0	4	6	2	6	8
1	7	5	9	0	0	2	0	5	6	5	5	8	5	1	9	5	3	3	7	4	0	5	8	2	4
0	3	9	6	9	4	7	3	5	7	0	6	5	4	7	1	1	8	5	3	2	8	0	9	7
3	0	8	2	8	1	4	4	1	6	7	6	6	9	9	9	7	5	8	9	6	4	5	9	0
9	4	9	1	2	2	0	1	3	2	4	6	7	9	1	8	8	2	9	8	3	2	6	2	9
7	5	2	1	4	4	9	6	5	2	8	5	5	1	0	8	2	6	2	0	6	9	2	2	3
9	9	2	5	7	4	3	2	3	6	4	1	5	2	4	0	4	2	2	8	7	1	8	2
2	0	9	1	8	9	4	4	6	1	4	8	6	7	9	2	5	0	6	9	3	3	0	1	2
6	5	2	6	1	2	1	7	7	1	4	7	8	1	4	2	7	3	7	4	0	0	1	2	9
1	2	9	9	6	4	2	5	1	3	5	2	7	4	3	2	3	8	5	3	3	6	6	5	3	2
3	2	8	3	7	9	6	0	4	8	6	0	5	4	1	1	4	9	0	5	0	9	4	4	1
0	9	3	4	1	1	0	5	8	3	4	4	6	7	3	4	4	9	2	3	7	2	5	7	8
6	7	5	3	4	2	1	5	5	0	1	2	4	7	5	2	6	8	7	8	2	8	0	3
9	6	0	1	3	0	5	3	6	2	5	0	3	4	7	6	1	9	1	6	5	3
4	6	9	9	2	9	6	7	8	5	8	9	2	6	2	4	4	9	0	5	5	4	5	2	0
9	7	7	1	9	2	6	5	6	3	3	6	8	6	8	3	9	9	8	7	7	2	7	9	7
7	5	3	3	3	3	7	3	7	4	5	7	3	9	1	2	3	9	0	9	5	9	6	5	7
2	8	1	3	1	3	4	2	1	0	3	1	2	3	2	0	2	8	3	9	7	5	0	6	9
6	0	9	4	8	8	5	5	2	7	9	0	0	0	1	9	8	0	6	1	5	8	4	2
3	5	9	0	7	7	0	1	8	1	2	9	3	4	6	9	2	6	9	8	9	8	2	5	5
4	4	8	1	1	7	4	7	4	4	4	1	6	5	9	3	6	5	9	8	3	6	4	3
6	3	9	7	0	6	2	5	3	3	2	6	0	5	1	2	4	2	7	1	0	7	8	2	1

附表 2 累积正态分布 $F_N(x)$ 值表

$$F_N(x) = \frac{1}{\sqrt{2\pi}} \int_{-\infty}^{x} e^{-\frac{u^2}{2}} du$$

u	−0.09	−0.08	−0.07	−0.06	−0.05	−0.04	−0.03	−0.02	−0.01	−0.00
−3.0	0.001 00	0.001 04	0.001 07	0.001 11	0.001 14	0.001 18	0.001 22	0.001 26	0.001 31	0.001 35
−2.9	0.001 39	0.001 44	0.001 49	0.001 54	0.001 59	0.001 64	0.001 69	0.001 75	0.001 81	0.001 87
−2.8	0.001 93	0.001 99	0.002 05	0.002 12	0.002 19	0.002 26	0.002 33	0.002 40	0.002 48	0.002 56
−2.7	0.002 64	0.002 72	0.002 80	0.002 89	0.002 98	0.003 07	0.003 17	0.003 26	0.003 36	0.003 47
−2.6	0.003 57	0.003 68	0.003 79	0.003 91	0.004 02	0.004 15	0.004 27	0.004 40	0.004 53	0.004 66
−2.5	0.004 80	0.004 94	0.005 08	0.005 23	0.005 39	0.005 54	0.005 70	0.005 87	0.006 04	0.006 21
−2.4	0.006 39	0.006 57	0.006 76	0.006 95	0.007 14	0.007 34	0.007 55	0.007 76	0.007 98	0.008 20
−2.3	0.008 42	0.008 66	0.008 89	0.009 14	0.009 39	0.009 64	0.009 90	0.010 17	0.010 44	0.010 72
−2.2	0.011 01	0.011 30	0.011 60	0.011 91	0.012 22	0.012 55	0.012 87	0.013 21	0.013 55	0.013 90
−2.1	0.014 26	0.014 63	0.015 00	0.015 39	0.015 78	0.016 18	0.016 59	0.017 00	0.017 43	0.017 86
−2.0	0.018 31	0.018 76	0.019 23	0.019 70	0.020 18	0.020 68	0.021 18	0.021 69	0.022 22	0.022 75
−1.9	0.023 30	0.023 85	0.024 42	0.025 00	0.025 59	0.025 19	0.026 80	0.027 43	0.028 07	0.028 72
−1.8	0.029 38	0.030 05	0.030 74	0.031 44	0.032 16	0.032 88	0.033 62	0.034 38	0.035 15	0.035 93
−1.7	0.036 73	0.038 54	0.038 36	0.039 20	0.040 06	0.040 93	0.041 82	0.042 72	0.043 63	0.044 57
−1.6	0.045 51	0.046 48	0.474 60	0.048 46	0.049 47	0.050 50	0.051 55	0.052 62	0.053 70	0.054 80
−1.5	0.055 92	0.057 05	0.582 10	0.059 38	0.060 57	0.061 78	0.063 01	0.064 26	0.065 52	0.066 81
−1.4	0.068 11	0.069 44	0.070 78	0.072 15	0.073 53	0.074 93	0.076 36	0.077 80	0.079 27	0.080 76
−1.3	0.082 26	0.086 79	0.085 34	0.086 91	0.088 51	0.090 12	0.091 76	0.093 42	0.095 10	0.096 80
−1.2	0.098 53	0.100 27	0.102 04	0.103 83	0.105 65	0.107 49	0.109 35	0.111 23	0.113 14	0.115 07
−1.1	0.117 02	0.119 00	0.121 00	0.123 02	0.125 07	0.127 14	0.129 24	0.131 36	0.133 50	0.135 67
−1.0	0.137 86	0.140 07	0.142 31	0.144 57	0.146 86	0.149 17	0.151 51	0.153 86	0.156 25	0.158 66
−0.9	0.161 09	0.163 54	0.166 02	0.168 53	0.171 06	0.173 61	0.176 19	0.178 79	0.181 41	0.184 06
−0.8	0.186 73	0.189 43	0.192 15	0.194 89	0.197 66	0.200 45	0.203 27	0.206 11	0.208 97	0.211 86
−0.7	0.214 76	0.217 70	0.220 65	0.223 63	0.226 63	0.229 65	0.232 70	0.235 76	0.238 85	0.241 96
−0.6	0.245 10	0.248 25	0.251 43	0.254 63	0.257 85	0.261 09	0.264 35	0.267 63	0.270 93	0.274 25
−0.5	0.277 60	0.280 96	0.284 34	0.287 74	0.291 16	0.294 60	0.298 06	0.301 53	0.305 03	0.308 54
−0.4	0.312 07	0.315 61	0.319 18	0.322 76	0.326 36	0.329 97	0.333 60	0.337 24	0.340 90	0.344 58
−0.3	0.348 27	0.351 97	0.355 69	0.359 42	0.363 17	0.366 93	0.370 70	0.374 48	0.378 28	0.382 09
−0.2	0.358 91	0.389 74	0.393 58	0.397 43	0.401 29	0.405 17	0.409 05	0.412 94	0.416 83	0.420 74
−0.1	0.424 65	0.128 58	0.432 51	0.436 44	0.440 38	0.444 33	0.448 28	0.452 24	0.456 20	0.460 17
−0.0	0.464 14	0.468 12	0.472 10	0.476 08	0.480 06	0.484 05	0.488 03	0.492 02	0.496 01	0.500 00

(续)

u	0.00	0.01	0.02	0.03	0.04	0.05	0.06	0.07	0.08	0.09
0.0	0.500 00	0.503 99	0.507 98	0.511 97	0.515 95	0.519 94	0.523 92	0.527 90	0.531 88	0.535 86
0.1	0.539 83	0.543 80	0.547 76	0.551 72	0.555 67	0.559 62	0.563 56	0.567 49	0.571 42	0.575 35
0.2	0.579 26	0.583 17	0.587 06	0.590 95	0.594 83	0.598 71	0.602 57	0.606 42	0.610 26	0.614 09
0.3	0.617 91	0.621 72	0.625 52	0.627 30	0.633 07	0.636 83	0.640 58	0.644 31	0.648 03	0.651 73
0.4	0.655 42	0.659 10	0.662 76	0.666 40	0.670 03	0.673 64	0.677 24	0.680 82	0.684 39	0.687 93
0.5	0.691 46	0.694 97	0.687 47	0.701 94	0.705 40	0.708 84	0.712 26	0.715 66	0.709 04	0.772 40
0.6	0.725 75	0.729 07	0.732 37	0.735 65	0.738 91	0.742 15	0.745 37	0.748 57	0.751 75	0.754 90
0.7	0.758 04	0.761 15	0.764 24	0.767 30	0.770 35	0.773 37	0.776 37	0.779 35	0.782 30	0.785 24
0.8	0.788 14	0.791 03	0.793 89	0.796 73	0.799 55	0.802 34	0.805 11	0.807 85	0.820 57	0.813 27
0.9	0.815 94	0.818 59	0.821 21	0.823 81	0.826 39	0.828 94	0.831 47	0.833 98	0.836 46	0.838 91
1.0	0.841 34	0.843 75	0.846 14	0.848 49	0.850 83	0.853 14	0.855 43	0.857 69	0.859 93	0.832 14
1.1	0.864 33	0.866 50	0.868 64	0.870 76	0.872 86	0.874 93	0.876 98	0.879 00	0.881 00	0.882 98
1.2	0.884 93	0.886 86	0.888 77	0.890 65	0.892 51	0.894 35	0.896 17	0.897 96	0.899 73	0.901 47
1.3	0.903 20	0.904 90	0.906 58	0.908 24	0.909 88	0.911 49	0.913 09	0.914 66	0.916 21	0.917 74
1.4	0.919 24	0.920 73	0.922 20	0.923 64	0.925 07	0.926 47	0.927 85	0.929 22	0.930 56	0.931 89
1.5	0.933 19	0.934 48	0.935 74	0.936 99	0.938 22	0.939 43	0.940 62	0.941 79	0.942 95	0.944 08
1.6	0.945 20	0.946 30	0.947 38	0.948 45	0.949 50	0.950 53	0.951 54	0.952 54	0.953 52	0.954 49
1.7	0.955 43	0.956 37	0.957 28	0.958 18	0.959 07	0.959 94	0.960 80	0.961 64	0.962 46	0.963 27
1.8	0.964 07	0.964 85	0.965 62	0.966 38	0.967 12	0.967 84	0.968 56	0.969 26	0.969 95	0.970 62
1.9	0.971 28	0.971 93	0.972 57	0.973 20	0.973 81	0.974 41	0.975 00	0.975 58	0.976 15	0.976 70
2.0	0.977 25	0.977 78	0.978 31	0.978 82	0.979 32	0.979 82	0.980 30	0.980 77	0.981 24	0.981 69
2.1	0.982 14	0.982 57	0.983 00	0.983 41	0.983 82	0.984 22	0.984 61	0.985 00	0.985 37	0.985 74
2.2	0.986 10	0.986 45	0.986 79	0.987 13	0.987 45	0.987 78	0.988 09	0.988 40	0.988 70	0.988 99
2.3	0.989 28	0.989 56	0.989 83	0.990 10	0.990 36	0.990 61	0.990 86	0.991 11	0.991 34	0.991 58
2.4	0.991 80	0.992 02	0.992 24	0.992 45	0.992 66	0.992 86	0.993 05	0.993 24	0.993 43	0.993 61
2.5	0.993 79	0.993 96	0.994 13	0.994 30	0.994 46	0.994 61	0.994 77	0.994 92	0.995 06	0.995 20
2.6	0.995 34	0.995 47	0.995 60	0.995 73	0.995 85	0.995 98	0.996 09	0.996 21	0.996 32	0.996 43
2.7	0.996 53	0.996 64	0.996 74	0.996 83	0.996 93	0.997 02	0.997 11	0.997 20	0.997 28	0.997 36
2.8	0.997 44	0.997 52	0.997 60	0.997 67	0.997 74	0.997 81	0.997 88	0.997 95	0.998 01	0.998 07
2.9	0.998 13	0.998 19	0.998 25	0.998 31	0.998 36	0.998 41	0.998 46	0.998 51	0.998 56	0.997 61
3.0	0.998 65	0.998 69	0.998 74	0.998 78	0.998 82	0.998 86	0.998 89	0.998 93	0.998 96	0.999 00

附表3　正态离差 u_α 值表（两尾）

α	0.01	0.02	0.03	0.04	0.05
0.00	2.575 829	2.326 348	2.170 090	2.053 749	1.959 964
0.10	1.598 193	1.554 774	1.514 102	1.475 791	1.139 531
0.20	1.253 565	1.226 528	1.200 359	1.174 987	1.150 349
0.30	1.015 222	0.994 458	0.974 114	0.954 165	0.934 589
0.40	0.823 894	0.806 421	0.789 192	0.772 193	0.755 415
0.50	0.658 838	0.643 345	0.628 006	0.612 813	0.597 760
0.60	0.510 073	0.195 850	0.481 727	0.467 699	0.453 762
0.70	0.371 856	0.358 459	0.345 126	0.331 853	0.318 639
0.80	0.240 426	0.227 545	0.214 702	0.201 893	0.189 118
0.90	0.113 039	0.100 434	0.087 845	0.075 270	0.062 707
α	0.06	0.07	0.08	0.09	0.10
0.00	1.880 794	1.811 911	1.750 686	1.695 398	1.644 854
0.10	1.405 072	1.372 204	1.340 755	1.310 579	1.281 552
0.20	1.126 391	1.103 063	1.080 319	1.058 122	1.036 433
0.30	0.915 365	0.896 473	0.877 896	0.859 617	0.841 621
0.40	0.738 847	0.722 179	0.706 303	0.690 309	0.674 490
0.50	0.582 842	0.56 8051	0.553 385	0.538 836	0.524 401
0.60	0.439 913	0.426 148	0.412 463	0.398 855	0.385 320
0.70	0.305 481	0.292 375	0.279 319	0.266 311	0.253 347
0.80	0.176 374	0.163 658	0.150 969	0.138 304	0.125 661
0.90	0.050 154	0.037 608	0.025 069	0.012 533	0.000 000

附表4　学生氏 t 值表（两尾）

自由度（ν）	概率值（α）								
	0.500	0.400	0.200	0.100	0.050	0.025	0.010	0.005	0.001
1	1.000	1.376	3.078	6.314	12.706	25.452	63.657	127.321	636.919
2	0.816	1.061	1.886	2.920	4.303	6.205	9.925	14.089	31.599
3	0.765	0.978	1.638	2.353	3.182	4.177	5.841	7.453	12.924
4	0.714	0.941	1.533	2.132	2.776	3.495	4.604	5.598	8.610
5	0.727	0.920	1.476	2.015	2.571	3.163	4.032	4.773	6.869
6	0.718	0.906	1.440	1.943	2.447	2.969	3.707	4.317	5.959
7	0.711	0.896	1.415	1.895	2.365	2.841	3.499	4.029	5.408
8	0.706	0.889	1.397	1.860	2.306	2.752	3.355	3.833	5.041
9	0.703	0.883	1.383	1.833	2.262	2.685	3.250	3.690	4.781
10	0.700	0.879	1.372	1.812	2.228	2.634	3.169	3.581	4.587
11	0.697	0.876	1.363	1.796	2.201	2.593	3.106	3.497	4.437

(续)

自由度(ν)	概率值(α)								
	0.500	0.400	0.200	0.100	0.050	0.025	0.010	0.005	0.001
12	0.695	0.873	1.356	1.782	2.179	2.560	3.055	3.428	4.318
13	0.694	0.870	1.350	1.771	2.160	2.533	3.012	3.372	4.221
14	0.692	0.868	1.345	1.761	2.145	2.510	2.977	3.326	4.140
15	0.691	0.866	1.341	1.753	2.131	2.490	2.947	3.286	4.073
16	0.690	0.865	1.337	1.746	2.120	2.473	2.921	3.252	4.015
17	0.689	0.863	1.333	1.740	2.110	2.458	2.898	3.222	3.965
18	0.688	0.862	1.330	1.734	2.101	2.445	2.878	3.197	3.922
19	0.688	0.861	1.328	1.729	2.093	2.433	2.861	3.174	3.883
20	0.687	0.860	1.325	1.725	2.086	2.423	2.845	3.153	3.850
21	0.686	0.859	1.323	1.721	2.080	2.414	2.831	3.135	3.819
22	0.686	0.858	1.321	1.717	2.074	2.405	2.819	3.119	3.792
23	0.685	0.858	1.319	1.714	2.069	2.398	2.807	3.104	3.768
24	0.685	0.857	1.318	1.711	2.064	2.391	2.797	3.091	3.745
25	0.684	0.856	1.316	1.708	2.060	2.385	2.787	3.078	3.725
26	0.684	0.856	1.315	1.706	2.056	2.379	2.779	3.067	3.707
27	0.684	0.855	1.314	1.703	2.052	2.373	2.771	3.057	3.690
28	0.683	0.855	1.313	1.701	2.048	2.368	2.763	3.047	3.674
29	0.683	0.854	1.311	1.699	2.045	2.364	2.756	3.038	3.659
30	0.683	0.854	1.310	1.697	2.042	2.360	2.750	3.030	3.646
35	0.682	0.852	1.306	1.690	2.030	2.342	2.724	2.996	3.591
40	0.682	0.851	1.303	1.684	2.021	2.329	2.704	2.971	3.551
45	0.680	0.850	1.301	1.679	2.014	2.319	2.690	2.952	3.520
50	0.679	0.849	1.299	1.676	2.009	2.311	2.678	2.937	3.496
55	0.679	0.849	1.297	1.673	2.004	2.304	2.668	2.925	3.497
60	0.679	0.848	1.296	1.671	2.000	2.299	2.660	2.915	3.460
70	0.678	0.847	1.294	1.667	1.994	2.291	2.648	2.899	3.435
80	0.678	0.846	1.292	1.664	1.990	2.284	2.639	2.887	3.416
90	0.677	0.846	1.291	1.662	1.987	2.280	2.632	2.878	3.402
100	0.677	0.845	1.299	1.660	1.984	2.276	2.626	2.871	3.390
110	0.677	0.845	1.289	1.659	1.982	2.272	2.621	2.865	3.381
120	0.677	0.845	1.289	1.658	1.980	2.270	2.617	2.860	3.373
∞	0.6745	0.8416	2.2816	1.6118	1.9600	2.2414	2.5758	2.8070	3.2905

附表5 5%（上）和1%（下）点 F 值表（一尾）

ν_2	ν_1											
	1	2	3	4	5	6	7	8	9	10	11	12
1	161.45	199.50	215.71	224.58	230.16	233.99	236.77	238.88	240.54	241.88	242.98	243.91
	4 052.18	4 999.50	5 403.35	5 624.58	5 763.65	5 858.99	5 928.36	5 981.07	6 022.47	6 055.85	6 083.32	6 160.32
2	18.51	19.00	19.16	19.25	19.30	19.33	19.35	19.37	19.38	19.40	19.40	19.41
	98.50	99.00	99.17	99.25	99.30	99.33	99.36	99.37	99.39	99.40	99.41	99.42
3	10.13	9.55	9.28	9.12	9.01	8.94	8.89	8.85	8.81	8.79	8.76	8.74
	34.42	31.82	29.46	25.71	28.24	27.91	27.67	27.49	27.35	27.23	27.13	27.06
4	7.71	6.94	6.59	9.39	6.26	6.16	6.09	6.04	6.00	5.96	5.94	5.91
	21.20	18.00	16.69	15.98	15.52	15.21	14.98	14.80	14.66	14.55	14.45	14.37
5	6.61	5.79	5.41	5.19	5.05	4.95	4.88	4.82	4.77	4.74	4.70	4.68
	16.26	13.27	12.06	11.39	10.97	10.67	10.46	10.29	10.16	10.05	9.96	9.89
6	5.99	5.14	4.76	4.53	4.39	4.28	4.21	4.15	4.10	4.06	4.03	4.00
	13.75	10.92	9.78	9.15	8.75	8.47	8.26	8.10	7.98	7.87	7.79	7.72
7	5.59	4.74	4.35	4.12	3.97	3.87	3.79	3.73	3.68	3.64	3.60	3.57
	12.25	9.55	8.45	7.85	7.46	7.19	6.99	6.84	6.72	6.62	6.54	6.47
8	5.32	4.46	4.07	3.84	3.69	3.58	3.50	3.44	3.39	3.35	3.31	3.28
	11.26	8.65	7.59	7.01	6.63	6.37	6.18	6.03	5.91	5.81	5.73	5.67
9	5.12	4.26	3.86	3.63	3.48	3.37	3.29	3.23	3.18	3.14	3.10	3.07
	10.56	8.02	6.99	6.42	6.06	5.81	5.61	5.47	5.35	5.26	5.18	5.11
10	4.96	4.10	3.71	3.48	3.33	3.22	3.14	3.07	3.02	2.98	2.94	2.91
	10.04	7.56	6.55	5.99	5.64	5.39	5.20	5.06	4.94	4.85	4.77	4.71
11	10.84	3.98	3.59	3.36	3.20	3.09	3.01	2.95	2.90	2.85	2.82	2.79
	9.65	7.21	6.22	5.67	5.32	5.07	4.89	4.74	4.63	4.54	4.46	4.40
12	4.75	3.89	3.49	3.26	3.11	3.00	2.91	2.85	2.80	2.75	2.72	2.69
	9.33	6.39	5.59	5.41	5.06	4.82	4.64	4.50	4.39	4.30	4.22	4.16
13	4.67	3.81	3.41	3.18	3.03	2.92	2.83	2.77	2.71	2.67	2.63	2.60
	9.07	6.70	5.74	5.21	4.86	4.62	4.44	4.30	4.19	4.10	4.02	3.96
14	4.60	3.74	3.34	3.11	2.96	2.85	2.76	2.70	2.65	2.60	2.57	2.53
	8.86	6.51	5.56	5.04	4.69	4.46	4.28	4.14	4.03	3.94	3.86	3.80
15	4.54	3.68	3.29	3.04	2.90	2.79	2.71	2.64	2.59	2.54	2.51	2.48
	8.68	6.36	5.42	4.89	4.56	4.32	4.14	4.00	3.89	3.80	3.73	3.67
16	4.94	3.63	3.24	3.01	2.85	2.74	2.66	2.59	2.54	2.49	2.46	2.42
	8.53	6.23	5.29	4.77	4.44	4.20	4.03	3.89	3.78	3.69	3.62	3.55
17	4.45	3.59	3.20	2.96	2.81	2.70	2.61	2.55	2.49	2.45	2.41	2.38
	8.40	6.11	5.18	4.67	4.84	4.10	3.93	3.79	3.68	3.59	3.52	3.46
18	4.41	3.55	3.16	2.93	2.77	2.66	2.58	2.51	2.46	2.41	2.37	2.34
	8.29	6.01	5.09	4.58	4.25	4.01	3.84	3.71	3.60	3.51	3.43	3.37

(续)

ν_2	ν_1											
	1	2	3	4	5	6	7	8	9	10	11	12
19	4.38	3.52	3.13	2.90	2.74	2.63	2.54	2.48	2.42	2.38	2.34	2.31
	8.18	5.93	5.01	4.50	4.17	3.94	3.77	3.63	2.52	3.43	3.36	3.30
20	4.35	3.49	3.10	2.87	2.71	2.60	2.51	2.45	2.39	2.35	2.31	2.28
	8.10	5.85	4.94	4.43	4.10	3.87	3.70	3.56	3.46	3.37	3.29	3.23
21	4.32	3.47	3.07	2.84	2.67	2.57	2.49	2.42	2.39	2.32	2.28	2.25
	8.02	5.78	4.87	4.37	4.04	3.81	3.64	3.51	3.40	3.31	3.24	3.17
22	4.30	3.44	3.05	2.82	2.66	2.55	2.46	2.40	2.34	2.30	2.26	2.23
	7.92	5.72	4.82	4.31	3.99	3.76	3.59	3.45	3.35	3.26	3.38	3.12
23	4.28	3.42	3.03	2.80	2.64	2.53	2.44	2.37	2.32	2.27	2.24	2.20
	7.88	5.66	4.76	4.26	3.94	3.71	3.54	3.41	3.30	3.20	3.14	3.07
24	4.26	3.40	3.01	2.78	2.62	2.51	2.42	2.36	2.30	2.25	2.22	2.18
	7.82	5.61	4.72	4.22	3.90	3.67	3.50	3.36	3.26	3.17	3.09	3.03
25	4.24	3.39	2.99	2.76	2.60	2.49	2.40	2.34	2.28	2.24	2.20	2.16
	7.77	5.57	4.68	4.18	3.85	3.63	3.46	3.32	3.22	3.13	3.06	2.99
26	4.23	3.39	2.98	2.74	2.59	2.47	2.39	2.32	2.27	2.22	2.18	2.15
	7.72	5.53	4.61	4.14	3.85	3.59	3.42	3.29	3.18	3.09	3.02	2.96
27	4.21	3.35	2.96	2.73	2.57	2.46	2.37	2.31	2.25	2.20	2.17	2.13
	7.68	5.49	4.60	4.11	3.78	3.56	3.39	3.26	3.15	3.06	2.99	2.93
28	4.20	3.34	2.95	2.71	2.56	2.45	2.36	2.29	2.24	2.19	2.15	2.12
	7.64	5.45	4.57	4.07	3.75	3.53	3.36	3.23	3.12	3.03	2.96	2.90
29	4.18	3.33	2.93	2.70	2.55	2.43	2.35	2.28	2.22	2.18	2.14	2.10
	7.60	5.42	4.54	4.04	3.73	3.50	3.33	3.20	3.09	3.00	2.93	2.87
30	4.17	3.32	2.92	2.69	2.53	2.42	2.33	2.27	2.21	2.16	2.13	2.09
	7.56	5.39	4.51	4.02	3.70	3.47	3.30	3.17	3.07	2.98	2.91	2.84
32	4.15	3.29	2.9	2.67	2.51	2.40	2.31	2.24	2.19	2.14	2.10	2.07
	7.50	5.34	4.46	3.97	3.65	3.43	3.26	3.13	3.02	2.93	2.86	2.80
34	4.13	3.28	2.88	2.65	2.49	2.38	2.29	2.23	2.17	2.12	2.08	2.05
	7.44	5.29	4.42	3.93	3.61	3.39	3.22	3.09	2.97	2.89	2.82	2.76
36	4.11	3.26	2.87	2.63	2.48	2.36	2.28	2.21	2.15	2.11	2.07	2.03
	7.40	5.25	4.38	3.89	3.57	3.35	3.18	3.05	2.95	2.86	2.79	2.72
38	4.10	3.24	2.85	2.62	2.46	2.35	2.26	2.19	2.14	2.09	2.05	2.02
	7.35	5.21	4.34	3.86	3.54	3.32	3.15	3.02	2.92	2.83	2.75	2.69
40	4.08	3.23	2.84	2.61	2.45	2.34	2.25	2.18	2.12	2.08	2.04	2.00
	7.31	5.18	4.31	3.83	3.51	3.29	3.12	2.99	2.89	2.80	2.73	2.66
42	4.07	3.22	2.83	2.59	2.44	2.32	2.24	2.17	2.11	2.06	2.03	1.99
	7.28	5.15	4.29	3.80	3.49	3.27	3.10	2.97	2.86	2.78	2.70	2.64

(续)

ν_2	ν_1											
	1	2	3	4	5	6	7	8	9	10	11	12
44	4.06	3.21	2.82	2.58	2.43	2.31	2.23	2.16	2.10	2.05	2.01	1.98
	7.25	5.12	4.26	3.78	3.47	3.24	3.08	2.95	2.84	2.75	2.68	2.62
46	4.05	3.20	2.81	2.57	2.42	2.30	2.22	2.15	2.09	2.04	2.00	1.97
	7.22	5.10	4.24	3.76	3.44	3.22	3.06	2.93	2.82	2.73	2.66	2.60
48	4.04	3.19	2.80	2.57	2.41	2.29	2.21	2.14	2.08	2.03	1.99	1.96
	7.19	5.08	4.22	3.74	3.43	3.20	3.04	2.91	2.80	2.71	2.64	2.58
50	4.03	3.18	2.79	2.56	2.40	2.29	2.20	2.13	2.07	2.03	1.99	1.95
	7.17	5.06	4.20	3.72	3.41	3.19	3.02	2.89	2.78	2.70	2.63	2.56
55	4.02	3.16	2.77	2.54	2.38	2.27	2.18	2.11	2.06	2.01	1.97	1.93
	7.12	5.01	4.16	3.68	3.37	3.15	2.98	2.85	2.75	2.66	2.59	2.53
60	4.00	3.15	2.76	2.53	2.37	2.25	2.17	2.10	2.04	1.99	1.95	1.92
	7.08	4.98	4.13	3.65	3.34	3.12	2.95	2.82	2.72	2.63	2.56	2.50
65	3.99	3.14	2.75	2.51	2.36	2.24	2.15	2.08	2.03	1.98	1.94	1.90
	7.04	4.95	4.10	3.61	3.31	3.09	2.93	2.80	2.69	2.61	2.53	2.47
70	3.98	3.13	2.74	2.50	2.35	2.23	2.14	2.07	2.02	1.97	1.93	1.89
	7.01	4.92	4.07	3.60	3.29	3.07	2.91	2.78	2.67	2.59	2.51	2.45
80	3.96	3.11	2.2	2.49	2.33	2.21	2.13	2.06	2.00	1.95	1.91	1.88
	6.96	4.88	4.04	3.56	3.26	3.04	2.87	2.74	2.64	2.55	2.48	2.42
90	3.94	3.09	2.70	2.46	2.31	2.19	2.10	2.03	1.97	1.93	1.89	1.85
	6.90	4.82	3.98	3.51	3.21	2.99	2.82	2.69	2.59	2.50	2.43	2.37
125	3.92	3.07	2.68	2.44	2.29	2.17	2.08	2.01	1.96	1.91	1.87	1.83
	6.84	4.78	3.94	3.47	3.17	2.95	2.79	2.66	2.55	2.47	2.39	2.33
150	3.90	3.06	2.66	2.43	2.27	2.15	2.07	2.00	1.94	1.89	1.85	1.82
	6.81	4.75	3.91	3.45	3.14	2.92	2.76	2.63	2.53	2.44	2.37	2.31
200	3.89	3.04	2.65	2.42	2.26	2.14	2.06	1.98	1.93	1.88	1.84	1.80
	6.76	4.71	3.88	3.41	3.11	2.89	2.73	2.60	2.50	2.41	2.34	2.27
400	3.86	3.02	2.63	2.39	2.24	2.12	2.03	1.96	1.90	1.85	1.81	1.78
	6.70	4.66	3.83	3.37	3.06	2.85	2.68	2.56	2.45	2.37	2.29	2.23
1 000	3.85	3.00	2.61	2.38	2.22	2.11	2.02	1.95	1.89	1.84	1.80	1.76
	6.66	4.63	3.80	3.34	3.04	2.82	2.66	2.53	2.43	2.34	2.27	2.20
∞	3.84	3.00	2.61	2.37	2.22	2.10	2.01	1.94	1.88	1.83	1.79	1.76
	6.64	4.61	3.79	3.33	3.02	2.81	2.65	2.52	2.41	2.33	2.25	2.19

（续）

ν_2	ν_1											
	14	16	20	24	30	40	50	75	100	200	500	2 000
1	245.36 6 142.67	246.46 6 170.10	248.01 6 208.73	249.05 6 234.63	250.10 6 260.65	251.42 6 286.78	251.77 6 302.52	252.62 6 323.56	253.04 6 334.11	253.68 6 349.97	254.06 6 359.50	254.19 6 362.68
2	19.42 99.43	19.43 99.44	19.45 99.45	19.45 99.46	19.46 99.47	19.47 99.47	19.48 99.48	19.48 99.49	19.49 99.49	19.49 99.49	19.49 99.49	19.49 99.50
3	8.71 26.92	8.69 26.83	8.66 26.69	8.64 26.60	8.62 26.50	2.59 26.41	8.58 26.35	8.56 26.28	8.55 26.24	8.54 26.18	8.53 26.15	8.53 26.14
4	5.87 14.25	5.84 14.15	5.80 14.02	5.77 13.93	5.75 13.84	5.72 13.75	5.70 13.69	5.68 13.61	5.66 13.58	5.65 13.52	5.64 13.49	5.63 13.47
5	4.64 9.77	4.60 9.68	4.56 9.55	4.63 9.47	4.50 9.38	4.46 9.29	4.44 9.24	4.42 9.17	4.41 9.13	4.39 9.08	4.37 9.04	4.37 9.03
6	3.96 7.60	3.92 7.52	3.87 7.40	3.84 7.31	3.81 7.23	3.77 7.14	3.75 7.09	3.73 7.02	3.71 6.99	3.69 6.93	3.68 6.90	3.67 6.89
7	3.53 6.36	3.49 6.28	3.44 6.16	3.41 6.07	3.38 5.99	3.34 5.91	3.32 5.86	3.29 5.79	3.27 5.75	3.25 5.70	3.24 5.67	3.23 5.66
8	3.24 5.56	3.20 5.48	3.15 5.36	3.12 5.28	3.08 5.20	3.04 5.12	3.02 5.07	2.99 5.00	2.97 4.96	2.95 4.91	2.94 4.88	2.96 4.87
9	3.03 5.01	2.99 4.92	2.94 4.81	2.90 4.73	2.86 4.65	2.83 4.57	2.80 4.52	2.77 4.45	2.76 4.41	2.73 4.36	2.72 4.33	2.71 4.32
10	2.86 4.60	2.83 4.52	2.77 4.41	2.74 4.33	2.70 4.25	2.66 4.17	2.64 4.12	2.60 4.05	2.59 4.01	2.56 3.96	2.55 3.93	2.54 3.92
11	2.74 4.29	2.70 4.21	2.65 4.10	2.61 4.02	2.57 3.94	2.53 3.86	2.51 3.81	2.47 3.74	2.46 3.71	2.43 3.66	2.42 3.62	2.41 3.61
12	2.64 4.05	2.60 3.97	2.54 3.86	2.51 3.78	2.47 3.70	2.43 3.62	2.40 3.57	2.37 3.50	2.35 3.47	2.32<(br)3.41	2.31 3.38	2.30 3.37
13	2.55 3.83	2.51 3.78	2.46 3.66	2.42 3.59	2.38 3.51	2.34 3.43	2.31 3.38	2.28 3.31	2.26 3.27	2.23 3.22	2.22 3.19	2.21 3.18
14	2.48 3.70	2.44 3.62	2.39 3.51	2.35 3.43	2.31 3.35	2.27 3.27	2.24 3.22	2.21 3.15	2.19 3.11	2.16 3.06	2.14 3.03	2.14 3.02
15	2.42 3.56	2.38 3.49	2.33 3.37	2.29 3.29	2.25 3.21	2.20 3.13	2.18 3.08	2.14 3.01	2.12 2.98	2.10 2.92	2.08 2.89	2.07 2.88
16	2.37 3.45	2.33 3.37	2.28 3.26	2.24 3.18	2.19 3.10	2.15 3.02	2.12 2.97	2.09 2.90	2.07 2.86	2.04 2.81	2.02 2.78	2.02 2.76
17	2.33 3.35	2.29 3.27	2.23 3.16	2.19 3.08	2.15 3.00	2.10 2.92	2.08 2.87	2.04 2.80	2.02 2.76	1.99 2.71	1.97 2.68	1.97 2.66
18	2.29 3.27	2.25 3.19	2.19 3.08	2.15 3.00	2.11 2.92	2.06 2.84	2.04 2.78	2.00 2.71	1.98 2.68	1.95 2.62	1.93 2.59	1.92 2.58

(续)

ν_2	ν_1											
	14	16	20	24	30	40	50	75	100	200	500	2 000
19	2.26	2.21	2.16	2.11	2.07	2.03	2.00	1.96	1.94	1.91	1.89	1.88
	3.19	3.12	3.00	2.92	2.84	2.76	2.71	2.64	2.60	2.55	2.51	2.50
20	2.22	2.18	2.12	2.08	2.04	1.99	1.97	1.93	1.91	1.88	1.86	1.85
	3.13	3.05	2.94	2.86	2.78	2.69	2.64	2.57	2.54	2.48	2.44	2.43
21	2.20	2.16	2.10	2.05	2.01	1.96	1.94	1.90	1.88	1.84	1.83	1.82
	3.07	2.99	2.88	2.80	2.72	2.64	2.58	2.51	2.48	2.42	2.38	2.37
22	2.17	2.13	2.07	2.03	1.98	1.94	1.91	1.87	1.85	1.82	1.80	1.79
	3.02	2.94	2.83	2.75	2.67	2.58	2.53	2.46	2.42	2.36	2.33	2.32
23	2.15	2.11	2.05	2.01	1.96	1.91	1.88	1.84	1.82	1.79	1.77	1.76
	2.97	2.89	2.78	2.70	2.62	2.54	2.48	2.41	2.37	2.32	2.28	2.27
24	2.13	2.09	2.03	1.98	1.94	1.89	1.86	1.82	1.80	1.77	1.75	1.74
	2.93	2.85	2.74	2.66	2.58	2.49	2.44	2.37	2.33	2.27	2.24	2.22
25	2.11	2.07	2.01	1.96	1.92	1.87	1.84	1.80	1.78	1.75	1.73	1.72
	2.89	2.81	2.70	2.62	2.54	2.45	2.40	2.33	2.29	2.23	2.19	2.18
26	2.09	2.05	1.99	1.95	1.90	1.85	1.82	1.78	1.76	1.73	1.17	1.70
	2.86	2.78	2.66	2.58	2.50	2.42	2.36	2.29	2.25	2.19	2.16	2.14
27	2.08	2.04	1.97	1.93	1.88	1.84	1.81	1.76	1.74	1.71	1.69	1.68
	2.82	2.75	2.63	2.55	2.47	2.38	2.33	2.26	2.22	2.16	2.12	2.11
28	2.06	2.02	1.96	1.91	1.87	1.82	1.79	1.75	1.73	1.69	1.67	1.66
	2.79	2.72	2.60	2.52	2.44	2.35	2.30	2.23	2.19	2.13	2.09	2.08
29	2.05	2.01	1.94	1.90	1.85	1.81	1.77	1.73	1.71	1.67	1.65	165
	2.77	2.69	2.57	2.49	2.41	2.33	2.27	2.20	2.16	2.10	2.06	2.05
30	2.04	1.99	1.93	1.89	1.84	1.79	1.76	1.72	1.70	1.66	1.64	1.63
	2.74	2.66	2.55	2.47	2.39	2.30	2.25	2.17	2.13	2.07	2.03	2.02
32	2.01	1.97	1.91	1.86	1.82	1.77	1.74	1.69	1.67	1.63	1.61	1.60
	2.70	2.61	2.50	2.42	2.34	2.25	2.20	2.12	2.08	2.02	1.98	1.97
34	1.99	1.95	1.89	1.84	1.80	1.75	1.71	1.67	1.65	1.61	1.59	1.58
	2.66	2.58	2.46	2.38	2.30	2.21	2.16	2.08	2.04	1.98	1.94	1.92
36	1.97	1.93	1.87	1.82	1.78	1.73	1.69	1.65	1.62	1.59	1.56	1.56
	2.62	2.54	2.43	2.35	2.26	2.18	2.12	2.04	2.00	1.94	1.90	1.89
38	1.96	1.92	1.85	1.81	1.76	1.71	1.68	1.63	1.61	1.57	1.54	1.54
	2.59	2.51	2.40	2.32	2.23	2.14	2.09	2.01	1.97	1.90	1.86	1.85
40	1.95	1.90	1.84	1.79	1.74	1.69	1.66	1.61	1.59	1.55	1.53	1.52
	2.56	2.48	2.37	2.29	2.20	2.11	2.06	1.98	1.94	1.87	1.83	1.82
42	1.94	1.89	1.83	1.78	1.73	1.68	1.65	1.60	1.57	1.53	1.51	1.50
	2.54	2.46	2.34	2.26	2.18	2.09	2.03	1.95	1.91	1.85	1.80	1.79

(续)

ν_2	ν_1											
	14	16	20	24	30	40	50	75	100	200	500	2 000
44	1.92	1.88	1.81	1.77	1.72	1.67	1.63	1.59	1.56	1.52	1.49	1.49
	2.52	2.44	2.32	2.24	2.15	2.07	2.01	1.93	1.89	1.82	1.78	1.76
46	1.91	1.87	1.80	1.76	1.71	1.65	1.62	1.57	1.55	1.51	1.48	1.47
	2.50	2.42	2.30	2.22	2.13	2.04	1.99	1.91	1.86	1.80	1.76	1.74
48	1.90	1.86	1.79	1.75	1.70	1.64	1.61	1.56	1.54	1.49	1.47	1.46
	2.48	2.40	2.28	2.20	2.12	2.02	1.97	1.89	1.84	1.78	1.73	1.72
50	1.89	1.85	1.78	1.74	1.69	1.63	1.60	1.55	1.52	1.48	1.46	1.45
	2.46	2.38	2.27	2.18	2.10	2.01	1.95	1.87	1.82	1.76	1.71	1.70
55	1.88	1.83	1.76	1.72	1.67	1.61	1.58	1.53	1.50	1.46	1.43	1.42
	2.42	2.34	2.23	2.15	2.06	1.97	1.91	1.83	1.78	1.71	1.67	1.65
60	1.86	1.82	1.75	1.70	1.65	1.59	1.56	1.51	1.48	1.44	1.41	1.40
	2.39	2.31	2.20	2.12	2.03	1.94	1.88	1.79	1.75	1.68	1.63	1.62
65	1.82	1.80	1.73	1.69	1.63	1.58	1.54	1.49	1.46	1.42	1.39	1.38
	2.37	2.29	1.17	2.09	2.00	1.91	1.85	1.77	1.72	1.65	1.60	1.59
70	1.84	1.79	1.72	1.67	1.62	1.57	1.53	1.48	1.45	1.40	1.37	1.36
	2.35	2.27	2.15	2.07	1.98	1.89	1.83	1.74	1.70	1.62	1.57	1.56
80	1.82	1.77	1.70	1.65	1.60	1.54	1.51	1.45	1.43	1.38	1.35	1.34
	2.31	2.23	2.12	2.03	1.94	1.85	1.79	1.70	1.65	1.58	1.53	1.51
100	1.79	1.75	1.68	1.63	1.57	1.52	1.48	1.42	1.39	1.34	1.31	1.30
	2.27	2.19	2.07	1.98	1.89	1.80	1.74	1.65	1.60	1.52	1.47	1.45
125	1.77	1.73	1.66	1.60	1.55	1.49	1.45	1.40	1.36	1.31	1.27	1.26
	2.23	2.15	2.03	1.94	1.85	1.76	1.69	1.60	1.55	1.47	1.41	1.39
150	1.76	1.71	1.64	1.59	1.54	1.48	1.44	1.38	1.34	1.29	1.25	1.24
	2.20	2.12	2.00	1.92	1.83	1.73	1.66	1.57	1.52	1.43	1.38	1.35
200	1.74	1.69	1.62	1.57	1.52	1.46	1.41	1.35	1.32	1.26	1.22	1.21
	2.17	2.09	1.97	1.89	1.79	1.69	1.63	1.53	1.48	1.39	1.33	1.30
400	1.72	1.67	1.60	1.54	1.49	1.42	1.38	1.32	1.28	1.22	1.17	1.15
	2.13	2.05	1.92	1.84	1.75	1.64	1.58	1.48	1.42	1.32	1.25	1.22
1 000	1.70	1.65	1.58	1.53	1.47	1.41	1.36	1.30	1.26	1.19	1.13	1.11
	2.10	2.02	1.90	1.81	1.72	1.61	1.54	1.44	1.38	1.28	1.19	1.16
∞	1.70	1.65	1.57	1.52	1.46	1.40	1.35	1.29	1.25	1.18	1.12	1.09
	2.09	2.01	1.88	1.80	1.70	1.60	1.53	1.43	1.37	1.26	1.17	1.13

附表6 SSR 值表（两尾）

自由度 (ν)	概率 α	测验极差的平均数个数 (k)											
		2	3	4	5	6	7	8	9	10	12	14	16	18	20
1	0.05	18.0	18.0	18.0	18.0	18.0	18.0	18.0	18.0	18.0	18.0	18.0	18.0	18.0
	0.01	90.0	90.0	90.0	90.0	90.0	90.0	90.0	90.0	90.0	90.0	90.0	90.0	90.0

（续）

自由度 (ν)	概率 α	测验极差的平均数个数 (k)												
		2	3	4	5	6	7	8	9	10	12	14	16	18	20
2	0.05	6.09	6.09	6.09	6.09	6.09	6.09	6.09	6.09	6.09	6.09	6.09	6.09	6.09	6.09
	0.01	14.0	14.0	14.0	14.0	14.0	14.0	14.0	14.0	14.0	14.0	14.0	14.0	14.0	14.0
3	0.05	4.50	4.50	4.50	4.50	4.50	4.50	4.50	4.50	4.50	4.50	4.50	4.50	4.50	4.50
	0.01	8.26	8.50	8.60	8.70	8.80	8.90	8.90	9.00	9.00	9.00	9.10	9.20	9.30	9.30
4	0.05	3.93	4.01	4.02	4.02	4.02	4.02	4.02	4.02	4.02	4.02	4.02	4.02	4.02	4.02
	0.01	6.51	6.80	6.90	7.00	7.10	7.10	7.20	7.20	7.30	7.30	7.40	7.40	7.50	7.50
5	0.05	3.64	3.74	3.79	3.83	3.83	3.83	3.83	3.83	3.83	3.83	3.83	3.83	3.83	3.83
	0.01	5.70	5.96	6.11	6.18	6.26	6.33	6.40	6.44	6.50	6.60	6.60	6.70	6.70	6.80
6	0.05	3.46	3.58	3.64	3.68	3.68	3.68	3.68	3.68	3.68	3.68	3.68	3.68	3.68	3.68
	0.01	5.24	5.51	5.65	5.73	5.81	5.88	5.95	6.00	6.00	6.10	6.20	6.20	6.30	6.30
7	0.05	3.35	3.47	3.54	3.58	3.60	3.61	3.61	3.61	3.61	3.61	3.61	3.61	3.61	3.61
	0.01	4.95	5.22	5.37	5.45	5.53	5.61	5.69	5.73	5.80	5.80	5.90	5.90	6.00	6.00
8	0.05	3.26	3.39	3.47	3.52	3.55	3.56	3.56	3.56	3.56	3.56	3.56	3.56	3.56	3.56
	0.01	4.74	5.00	5.14	5.23	5.32	5.40	5.47	5.51	5.50	5.60	5.70	5.70	5.80	5.80
9	0.05	3.20	3.34	3.41	3.47	3.50	3.52	3.52	3.52	3.52	3.52	3.52	3.52	3.52	3.52
	0.01	4.60	4.86	4.99	5.08	5.17	5.25	5.32	5.36	5.40	5.50	5.50	5.60	5.70	5.70
10	0.05	3.15	3.30	3.37	3.43	3.46	3.47	3.47	3.47	3.47	3.47	3.47	3.47	3.47	3.48
	0.01	4.48	4.73	4.88	4.96	5.06	5.13	5.20	2.24	5.28	5.36	5.42	5.48	5.54	5.55
11	0.05	3.11	3.27	3.35	3.39	3.43	3.44	3.45	3.46	3.46	3.46	3.46	3.46	3.47	3.48
	0.01	4.39	4.63	4.77	4.86	4.94	5.01	5.06	5.12	5.15	5.24	5.28	5.34	5.38	5.39
12	0.05	3.08	3.23	3.33	3.36	3.40	3.42	3.44	3.44	3.46	3.46	3.46	3.46	3.47	3.48
	0.01	4.32	4.55	4.68	4.76	4.84	4.92	4.96	5.02	5.07	5.13	5.17	5.22	5.24	5.26
13	0.05	3.06	3.21	3.30	3.35	3.38	3.41	3.42	3.44	3.45	3.45	3.46	3.46	3.47	3.47
	0.01	4.26	4.48	4.62	4.69	4.74	4.84	4.88	4.96	4.98	5.04	5.08	5.13	5.14	5.15
14	0.05	3.03	3.18	3.27	3.33	3.37	3.39	3.41	3.42	3.44	3.45	3.46	3.46	3.47	3.47
	0.01	4.21	4.42	4.55	4.63	4.70	4.78	4.83	4.87	4.91	4.96	5.08	5.04	5.06	5.07
15	0.05	3.01	3.16	3.25	3.31	3.36	3.38	3.40	3.42	3.43	3.44	3.45	3.46	3.47	3.47
	0.01	4.17	4.37	4.50	4.58	4.64	4.72	4.77	4.81	4.84	4.90	4.94	4.97	4.99	5.00
16	0.05	3.00	3.15	3.23	3.30	3.34	3.37	3.39	3.41	3.43	3.44	3.45	3.46	3.47	3.47
	0.01	4.13	4.34	4.45	4.54	4.60	4.67	4.72	4.76	4.79	4.84	4.88	4.91	4.93	4.94
17	0.05	2.98	3.13	3.22	3.28	3.33	3.36	3.38	3.40	3.42	3.44	3.45	3.46	3.47	3.47
	0.01	4.10	4.03	4.41	4.50	4.56	4.63	4.68	4.72	4.75	4.80	4.83	4.86	4.88	4.89
18	0.05	2.97	3.12	3.21	3.27	3.32	3.35	3.37	3.39	3.41	3.43	3.45	3.46	3.47	3.47
	0.01	4.07	4.27	4.38	4.46	4.53	4.59	4.64	4.68	4.71	4.76	4.79	4.82	4.84	4.85
19	0.05	2.96	3.11	3.19	3.26	3.31	3.35	3.37	3.39	3.41	3.43	3.44	3.46	3.47	3.47
	0.01	4.05	1.42	4.35	4.43	4.50	4.56	4.61	4.64	4.67	4.72	4.76	4.79	4.81	4.82

(续)

自由度 (ν)	概率 α	测验极差的平均数个数 (k)												
		2	3	4	5	6	7	8	9	10	12	14	16	18	20
20	0.05	2.95	3.10	3.18	3.25	3.30	3.34	3.36	3.38	3.40	3.43	3.44	3.46	3.46	3.47
	0.01	4.02	4.22	4.33	4.40	4.47	4.53	4.58	4.61	4.65	4.69	4.73	4.76	4.78	4.79
22	0.05	2.93	3.08	3.17	3.24	3.29	3.32	3.35	3.37	3.39	3.42	3.44	3.46	3.46	3.47
	0.01	3.99	4.17	4.28	4.36	4.42	4.48	4.53	4.57	4.60	4.65	4.68	4.71	4.74	4.75
24	0.05	3.92	3.07	3.15	3.22	3.28	3.31	3.34	3.37	3.38	3.41	3.43	3.45	3.46	3.47
	0.01	3.96	4.14	4.24	4.33	4.39	4.44	4.49	4.53	4.57	4.62	4.62	4.67	4.70	4.72
26	0.05	2.91	3.06	3.14	3.21	3.27	3.30	3.34	3.36	3.38	3.41	3.43	3.45	3.46	3.47
	0.01	3.93	4.11	4.21	4.30	4.36	4.41	4.46	4.50	4.53	4.58	4.60	4.65	4.67	4.69
28	0.05	2.90	3.01	3.13	3.20	3.26	3.30	3.33	3.35	3.37	3.40	3.43	3.45	3.46	3.47
	0.01	3.91	4.08	4.18	4.28	4.34	4.39	4.43	4.47	4.51	4.56	4.58	4.62	4.65	4.67
30	0.05	2.89	3.04	3.12	3.20	3.25	3.29	3.32	3.35	3.37	3.40	3.42	3.44	3.46	3.47
	0.01	3.89	4.06	4.16	4.22	4.32	4.36	4.41	4.45	4.48	4.54	4.51	4.61	4.63	4.65
40	0.05	2.86	3.04	3.10	3.17	3.22	3.27	3.30	3.33	3.35	3.39	3.40	3.44	3.46	3.47
	0.01	3.82	3.99	4.10	4.17	4.24	4.30	4.34	4.37	4.41	4.46	4.44	4.54	4.57	4.59
60	0.05	2.83	2.98	3.08	3.14	3.20	3.24	3.28	3.31	3.33	3.37	3.40	3.43	3.45	3.47
	0.01	3.76	3.92	4.03	4.12	4.17	4.23	4.27	4.31	4.34	4.39	4.44	4.47	4.50	4.53
100	0.05	2.80	2.95	3.05	3.12	3.18	3.22	3.26	3.29	3.32	3.36	3.40	3.42	3.45	3.47
	0.01	3.71	3.96	3.98	4.06	4.11	4.17	4.21	4.25	4.29	4.35	4.38	4.42	4.45	4.48
∞	0.05	2.77	2.92	3.02	3.09	3.15	3.19	3.23	3.26	3.29	3.34	3.38	3.41	3.44	3.48
	0.01	3.64	3.80	3.90	3.98	4.04	4.09	4.14	4.17	4.20	4.26	4.31	4.34	4.38	4.41

附表 7 r 值表

df	0.05	0.01	df	0.05	0.01
1	0.997	1.000	21	0.413	0.526
2	0.950	0.990	22	0.404	0.515
3	0.878	0.959	23	0.396	0.505
4	0.811	0.917	24	0.388	0.496
5	0.754	0.874	25	0.381	0.487
6	0.707	0.834	26	0.374	0.478
7	0.666	0.798	27	0.367	0.470
8	0.632	0.765	28	0.361	0.463
9	0.602	0.735	29	0.355	0.456
10	0.576	0.708	30	0.349	0.449
11	0.553	0.684	35	0.325	0.417
12	0.532	0.661	40	0.304	0.393
13	0.514	0.641	45	0.288	0.372
14	0.497	0.623	50	0.273	0.354
15	0.482	0.606	60	0.250	0.325
16	0.468	0.590	70	0.232	0.302
17	0.456	0.575	80	0.217	0.283
18	0.444	0.561	100	0.195	0.254
19	0.433	0.549	200	0.138	0.181
20	0.423	0.537	300	0.113	0.148

附表8 χ^2 值表（右尾）

自由度(ν)	概率值（α）												
	0.995	0.990	0.975	0.950	0.900	0.750	0.500	0.250	0.100	0.050	0.025	0.010	0.005
1	0.00	0.00	0.00	0.00	0.02	0.10	0.45	1.47	2.71	3.84	5.02	6.63	7.88
2	0.01	0.02	0.05	0.10	0.21	0.58	1.39	2.98	4.61	5.99	13.8	9.21	10.60
3	0.07	0.11	0.22	0.35	0.58	1.21	2.37	4.36	6.25	7.81	93.5	11.34	12.84
4	0.21	0.30	0.48	0.71	1.06	1.92	3.36	5.67	7.78	9.49	11.14	13.28	14.86
5	0.41	0.55	0.83	1.15	1.61	2.67	4.35	6.94	9.24	11.07	12.83	15.09	16.75
6	0.68	0.87	1.24	1.64	2.20	3.45	5.35	8.18	10.64	12.59	14.45	16.81	18.55
7	0.99	1.24	1.69	2.17	2.83	4.25	6.35	9.40	12.02	14.07	16.01	18.48	20.28
8	1.34	1.65	2.18	2.73	3.49	5.07	7.34	10.61	13.36	15.51	17.53	20.09	21.95
9	1.73	2.09	2.70	3.33	4.17	5.90	8.34	11.80	14.68	16.92	19.02	21.67	23.59
10	2.16	2.56	3.25	3.94	4.87	6.74	9.34	12.98	15.99	18.31	20.48	23.21	25.19
11	2.60	3.05	3.82	4.57	5.58	7.58	10.34	14.15	17.28	19.68	21.92	24.72	26.76
12	3.07	3.57	4.40	5.23	6.30	8.44	11.34	15.31	18.55	21.03	23.34	26.22	28.30
13	3.57	4.11	5.01	5.89	7.04	9.30	12.34	16.46	19.81	22.36	24.74	27.69	29.82
14	4.07	4.66	5.63	6.57	7.79	10.17	13.34	17.41	21.06	23.68	26.12	29.14	31.32
15	4.60	5.23	6.26	7.26	8.55	11.04	14.34	18.76	22.31	25.00	27.49	30.58	32.80
16	5.14	5.81	6.91	7.96	9.31	11.91	15.34	19.89	23.54	26.30	28.85	32.00	34.27
17	5.70	6.41	7.56	8.67	10.09	12.79	16.34	21.06	24.77	27.59	30.19	33.41	35.72
18	6.26	7.01	8.23	9.39	10.86	13.68	17.34	22.16	25.99	28.87	31.53	34.81	39.16
19	6.84	7.63	8.91	10.12	11.65	14.56	18.34	23.29	27.20	30.14	32.85	36.19	38.58
20	7.43	8.26	9.59	10.85	12.44	15.45	19.34	24.41	28.41	31.41	34.17	37.57	40.00
21	8.03	8.90	10.28	11.59	13.24	16.34	20.34	25.53	29.62	32.67	35.48	38.93	41.40
22	8.64	9.54	10.98	12.34	14.04	17.24	21.34	26.65	30.81	33.95	36.78	40.29	42.80
23	9.26	10.20	11.69	13.09	14.85	18.14	22.34	27.76	32.01	35.17	38.08	41.64	44.18
24	9.89	10.86	12.40	13.85	15.66	19.04	23.34	28.89	33.20	36.42	39.36	42.98	45.56
25	10.52	11.52	13.12	14.61	16.47	19.94	24.34	29.98	34.38	37.65	40.65	44.31	46.93
26	11.16	12.20	13.84	15.38	17.29	20.84	25.34	31.09	35.56	38.89	41.92	45.64	48.29
27	11.81	12.88	14.57	16.15	18.11	21.75	26.34	32.19	36.74	40.11	43.19	46.96	49.64
28	12.46	13.56	15.31	16.93	18.94	22.66	27.34	33.30	37.92	41.34	44.46	48.29	50.99
29	13.12	14.26	16.05	17.71	19.77	23.57	28.34	34.40	39.09	42.56	45.72	49.59	52.34
30	13.79	14.95	16.79	18.49	20.60	24.48	29.34	35.50	40.26	43.77	46.98	50.89	53.67
40	20.71	22.16	24.43	26.51	29.05	33.66	39.34	46.41	51.81	55.76	59.34	63.69	66.77
50	27.99	29.71	32.36	34.76	37.69	42.94	49.33	57.21	63.17	67.50	71.42	76.15	79.49
60	35.53	37.48	40.48	43.19	46.46	52.29	59.33	67.94	74.40	79.08	83.30	88.38	91.95
70	43.28	45.44	48.76	51.74	55.53	61.0	69.33	78.61	85.53	90.53	95.02	100.43	104.21
80	51.17	53.54	57.15	60.39	64.28	71.14	79.33	89.23	96.58	101.88	106.63	112.33	116.32
90	59.20	61.75	65.65	69.13	73.29	80.62	89.33	99.81	107.57	113.15	118.14	124.12	128.30
100	67.33	70.06	74.22	77.93	82.36	90.13	99.33	110.36	118.50	124.54	129.56	135.81	140.17

附表 9　常用正交表（部分）

(1) $L_4(2^3)$ 正交表

处理号	列 号		
	1	2	3
1	1	1	1
2	1	2	2
3	2	1	2
4	2	2	1

注：任意两列间的交互作用为剩下一列。

(2) $L_8(2^7)$ 正交表

处理号	列 号						
	1	2	3	4	5	6	7
1	1	1	1	1	1	1	1
2	1	1	1	2	2	2	2
3	1	2	2	1	1	2	2
4	1	2	2	2	2	1	1
5	2	1	2	1	2	1	2
6	2	1	2	2	1	2	1
7	2	2	1	1	2	2	1
8	2	2	1	2	1	1	2

$L_8(2^7)$ 表头设计

因素数	列 号						
	1	2	3	4	5	6	7
3	A	B	A×B	C	A×C	B×C	
4	A	B	A×B C×D	C	A×C B×D	B×C A×D	D
5	A	B C×D	A×B	C B×D	A×C	D B×C	A×D

(3) $L_{12}(2^{11})$ 正交表

处理号	列 号										
	1	2	3	4	5	6	7	8	9	10	11
1	1	1	1	1	1	1	1	1	1	1	1

(续)

处理号	列号										
	1	2	3	4	5	6	7	8	9	10	11
2	1	1	1	1	1	2	2	2	2	2	2
3	1	1	2	2	2	1	1	1	2	2	2
4	1	2	1	2	2	1	2	2	1	1	2
5	1	2	2	1	2	2	1	2	1	2	1
6	1	2	2	2	1	2	2	1	2	1	1
7	2	1	2	2	1	1	2	2	1	2	1
8	2	1	2	1	2	2	2	1	1	1	2
9	2	1	1	2	2	2	1	2	2	1	1
10	2	2	2	1	1	1	1	2	2	1	2
11	2	2	1	2	1	2	1	1	1	2	2
12	2	2	1	1	2	1	2	1	2	2	1

注：任意两列间的交互作用都不在表内。

(4) $L_{16}(4^5)$ 正交表

处理号	列号				
	1	2	3	4	5
1	1	1	1	1	1
2	1	2	2	2	2
3	1	3	3	3	3
4	1	4	4	4	4
5	2	1	2	3	4
6	2	2	1	4	3
7	2	3	4	1	2
8	2	4	3	2	1
9	3	1	3	4	2
10	3	2	4	3	1
11	3	3	1	2	4
12	3	4	2	1	3
13	4	1	4	2	3
14	4	2	3	1	4
15	4	3	2	4	1
16	4	4	1	3	2

注：任意两列间的交互作用为另外三列。

(5) $L_8(4\times2^4)$ 正交表

处理号	列 号				
	1	2	3	4	5
1	1	1	1	1	1
2	1	2	2	2	2
3	2	1	1	2	2
4	2	2	2	1	1
5	3	1	2	1	2
6	3	2	1	2	1
7	4	1	2	2	1
8	4	2	1	1	2

注：第1列与另外任意一列的交互作用为其余三列。

(6) $L_9(3^4)$ 正交表

处理号	列 号			
	1	2	3	4
1	1	1	1	1
2	1	2	2	2
3	1	3	3	3
4	2	1	2	3
5	2	2	3	1
6	2	3	1	2
7	3	1	3	2
8	3	2	1	3
9	3	3	2	1

注：任意两列间的交互作用为另外两列。

(7) $L_{27}(3^{13})$ 正交表

处理号	列 号												
	1	2	3	4	5	6	7	8	9	10	11	12	13
1	1	1	1	1	1	1	1	1	1	1	1	1	1
2	1	1	1	1	2	2	2	2	2	2	2	2	2
3	1	1	1	1	3	3	3	3	3	3	3	3	3
4	1	2	2	2	1	1	1	2	2	2	3	3	3
5	1	2	2	2	2	2	2	3	3	3	1	1	1
6	1	2	2	2	3	3	3	1	1	1	2	2	2
7	1	3	3	3	1	1	1	3	3	3	2	2	2

（续）

处理号	列 号												
	1	2	3	4	5	6	7	8	9	10	11	12	13
8	1	3	3	3	2	2	2	1	1	1	3	3	3
9	1	3	3	3	3	3	3	2	2	2	1	1	1
10	2	1	2	3	1	2	3	1	2	3	1	2	3
11	2	1	2	3	2	3	1	2	3	1	2	3	1
12	2	1	2	3	3	1	2	3	1	2	3	1	2
13	2	2	3	1	1	2	3	2	3	1	3	1	2
14	2	2	3	1	2	3	1	3	1	2	1	2	3
15	2	2	3	1	3	1	2	1	2	3	2	3	1
16	2	3	1	2	1	2	3	3	1	2	2	3	1
17	2	3	1	2	2	3	1	1	2	3	3	1	2
18	2	3	1	2	3	1	2	2	3	1	1	2	3
19	3	1	3	2	1	3	2	1	3	2	1	3	2
20	3	1	3	2	2	1	3	2	1	3	2	1	3
21	3	1	3	2	3	2	1	3	2	1	3	2	1
22	3	2	1	3	1	3	2	2	1	3	3	2	1
23	3	2	1	3	2	1	3	3	2	1	1	3	2
24	3	2	1	3	3	2	1	1	3	2	2	1	3
25	3	3	2	1	1	3	2	3	2	1	2	1	3
26	3	3	2	1	2	1	3	1	3	2	3	2	1
27	3	3	2	1	3	2	1	2	1	3	1	3	2

$L_{27}(3^{13})$ 表头设计

因素数	列 号												
	1	2	3	4	5	6	7	8	9	10	11	12	13
3	A	B	(A×B)$_1$	(A×B)$_2$	C	(A×C)$_1$	(A×C)$_2$	(B×C)$_1$			(B×C)$_2$		
4	A	B	(A×B)$_1$ (C×D)$_2$	(A×B)$_2$	C	(A×C)$_1$ (B×D)$_2$	(A×C)$_2$		D	(A×D)$_1$	(B×C)$_2$	(B×D)$_1$	(C×D)$_1$

参 考 文 献

方萍.2000.实用农业试验设计与统计分析指南[M].北京：中国农业出版社.
盖钧镒.2000.试验统计方法[M].北京：中国农业出版社.
华中农学院.1982.果树研究法[M].北京：农业出版社.
南京农业大学.1979.田间试验和统计方法[M].北京：农业出版社.
荣廷昭,李晚忱.2011.田间试验与统计分析[M].成都：四川大学出版社.
朱孝达.2000.田间试验与统计方法[M].重庆：重庆大学出版社.

图书在版编目（CIP）数据

试验统计方法 / 简峰主编 . —4 版 . —北京：中国农业出版社，2019.11（2023.7 重印）
"十二五"职业教育国家规划教材　经全国职业教育教材审定委员会审定　高等职业教育农业农村部"十三五"规划教材
ISBN 978-7-109-26159-4

Ⅰ. ①试… Ⅱ. ①简… Ⅲ. ①田间试验－统计方法－高等职业教育－教材 Ⅳ. ①S3-33

中国版本图书馆 CIP 数据核字（2019）第 242725 号

中国农业出版社出版
地址：北京市朝阳区麦子店街 18 号楼
邮编：100125
责任编辑：王　斌
版式设计：杜　然　责任校对：巴洪菊
印刷：北京中兴印刷有限公司
版次：2002 年 6 月第 1 版　2019 年 11 月第 4 版
印次：2023 年 7 月第 4 版北京第 4 次印刷
发行：新华书店北京发行所
开本：787mm×1092mm　1/16
印张：12
字数：270 千字
定价：38.00 元

版权所有·侵权必究
凡购买本社图书，如有印装质量问题，我社负责调换。
服务电话：010-59195115　010-59194918